W0233236

Klick! inklusiv

9|10

Mathematik | Arbeitsheft

Potenzen / Gleichungen / Daten

Erarbeitet von
Elisabeth Jenert
Petra Kühne

Cornelsen

Mathematik | Arbeitsheft 9|10

Potenzen / Gleichungen / Daten

Teile dieses Arbeitsheftes basieren auf Inhalten der Lehrwerksreihe Klick! Mathematik.
Diese wurden herausgegeben von Meike Busch, Daniel Jacob, Petra Kühne und Markus Ledebur sowie
erarbeitet von Steffen Glaubitz, Daniel Jacob, Elisabeth Jenert, Petra Kühne, Markus Ledebur, Naveen
Schwind, Christina Wolf, Ines Zemkalis

Redaktion: Inga Knoff, Karen Reitz-Koncebovski
Illustration: Christian Böhning, Berlin (S. 42 Geodreieck, S. 51 Karte); Timo Grubing, Münster
Technische Zeichnungen: Christian Böhning, Berlin; lernsatz.de
Umschlaggestaltung: Klein & Halm Grafikdesign, Berlin
Layout: lernsatz.de
Technische Umsetzung: PER MEDIEN & MARKETING GmbH, Braunschweig

Dieses Arbeitsheft ist Bestandteil des Schubers *Klick! inklusiv 9/10* (978-3-06-002134-5).
Zu dem Schuber gehören die folgenden Arbeitshefte:
Rechentraining (978-3-06-002126-0)
Potenzen / Gleichungen / Daten (978-3-06-002127-7)
Prozent- und Zinsrechnung (978-3-06-002128-4)
Zuordnungen und Funktionen / Zufall (978-3-06-002129-1)
Flächen und Körper (978-3-06-002130-7)
Prüfungsvorbereitung (978-3-06-002131-4)

Lösungen und Selbsteinschätzungsbögen zum Arbeitsheft sind als kostenloser Download unter
www.cornelsen.de/klick-inklusiv erhältlich.

www.cornelsen.de

1. Auflage, 1. Druck 2018

Alle Drucke dieser Auflage sind inhaltlich unverändert
und können im Unterricht nebeneinander verwendet werden.

© 2018 Cornelsen Verlag GmbH, Berlin

Das Werk und seine Teile sind urheberrechtlich geschützt.
Jede Nutzung in anderen als den gesetzlich zugelassenen Fällen bedarf der vorherigen schriftlichen
Einwilligung des Verlages.
Hinweis zu §§ 60 a, 60 b UrhG: Weder das Werk noch seine Teile dürfen ohne eine solche Einwilligung
an Schulen oder in Unterrichts- und Lehrmedien (§ 60 b Abs. 3 UrhG) vervielfältigt, insbesondere
kopiert oder eingescannt, verbreitet oder in ein Netzwerk eingestellt oder sonst öffentlich
zugänglich gemacht oder wiedergegeben werden. Dies gilt auch für Intranets von Schulen.

Druck: Parzeller print & media GmbH & Co. KG, Fulda

ISBN 978-3-06-002127-7

PEFC zertifiziert
Dieses Produkt stammt aus nachhaltig
bewirtschafteten Wäldern und kontrollierten
Quellen.
www.pefc.de
PEFC/04-31-1308

Inhaltsverzeichnis

Start ins Thema: Potenzen und Wurzeln in den Taschenrechner eingeben

1 Finde heraus, wie du mit dem Taschenrechner die Quadratwurzel $\sqrt{9}$ und die Kubikwurzel $\sqrt[3]{8}$ ziehen kannst.

Zeichne die Tasten, die du drücken musst ab. Bei manchen Taschenrechnern muss man auch drei oder vier Tasten drücken.

Quadratwurzel    $\quad\Big|\quad \sqrt{9} = 3$

Kubikwurzel    $\quad\Big|\quad \sqrt[3]{8} = 2$

2 Finde heraus, wie du mit dem Taschenrechner 4^2 und 5^3 berechnen kannst.

Zeichne die Tasten, die du drücken musst ab. Bei manchen Taschenrechnern muss man auch drei oder vier Tasten drücken.

Hochzahl zwei    $\quad\Big|\quad 4^2 = 16$

Hochzahl drei   $\quad\Big|\quad 5^3 = 125$

3 Löse. Nutze den Taschenrechner.

a)
12^2 = _____

29^2 = _____

153^2 = _____

290^2 = _____

1007^2 = _____

27^3 = _____

58^3 = _____

111^3 = _____

b)
$\sqrt{2500}$ = _____

$\sqrt{7396}$ = _____

$\sqrt{60516}$ = _____

$\sqrt{739600}$ = _____

$\sqrt{1010025}$ = _____

$\sqrt[3]{59319}$ = _____

$\sqrt[3]{456533}$ = _____

$\sqrt[3]{729000}$ = _____

4 Du kannst auch Potenzen mit anderen Hochzahlen berechnen. Finde heraus und löse.

a) 3^9 = _____

2^{12} = _____

6^{10} = _____

4^{11} = _____

5^5 = _____

9^3 = _____

b) 16^4 = _____

11^5 = _____

12^3 = _____

13^6 = _____

17^3 = _____

14^2 = _____

c) 12^6 = _____

21^4 = _____

25^5 = _____

19^4 = _____

28^3 = _____

22^2 = _____

So gut kann ich die Aufgaben: ☺ ☺ ☹

So geht es: Quadratzahlen und Kubikzahlen

Quadratzahlen und Quadratwurzeln

1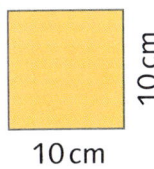

10 cm

10 cm

Das abgebildete Quadrat hat eine Seitenlänge von 10 cm.
Wie groß ist sein Flächeninhalt?

$A = a \cdot a$

$A =$

Flächeninhalt

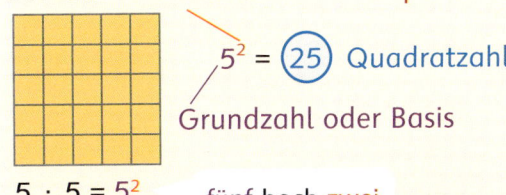

A = 25

Hochzahl oder Exponent

$5^2 = \boxed{25}$ Quadratzahl

Grundzahl oder Basis

$5 \cdot 5 = 5^2$ fünf hoch zwei

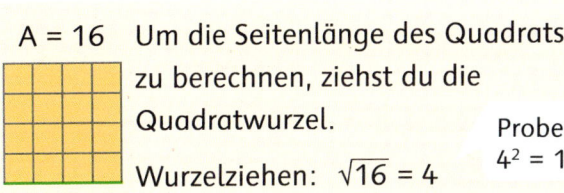

A = 16   Um die Seitenlänge des Quadrats
zu berechnen, ziehst du die
Quadratwurzel.

Wurzelziehen: $\sqrt{16} = 4$

Probe:
$4^2 = 16$

$\sqrt{16} = 4$

Das ist die
Seitenlänge
des Quadrats.

Die Quadratwurzel
aus 16 ist 4.

Kubikzahlen und Kubikwurzeln

2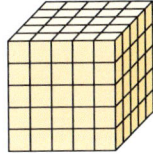

Der abgebildete Würfel hat eine Kantenlänge von 5 cm.
Wie groß ist sein Rauminhalt?

$V = a \cdot a \cdot a$

$V =$

Volumen

V = 27   Exponent

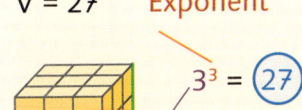

$3^3 = \boxed{27}$ Kubikzahl

Basis

drei hoch drei

$3 \cdot 3 \cdot 3 = 3^3$

V = 64   Um die Kantenlänge des Würfels zu
berechnen, ziehst du die Kubikwurzel.

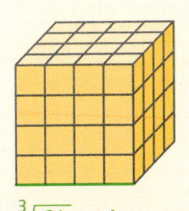

$\sqrt[3]{64} = 4$ Probe: $4^3 = 64$

Die Kubikwurzel
aus 64 ist 4.

$\sqrt[3]{64} = 4$

Das ist die Kantenlänge
des Würfels.

Quadratzahlen und Quadratwurzeln

1 Schreibe zu jeder Grundzahl die passende Quadratzahl.

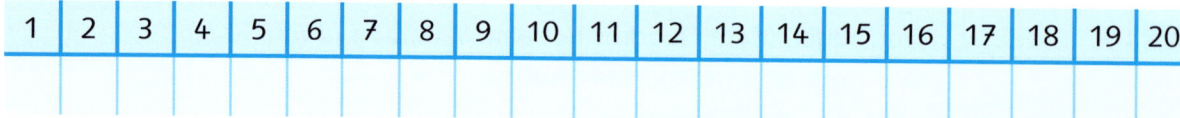

Grundzahl	1	2	3	4	5	6	7	8	9	10	11	12	13	14	15	16	17	18	19	20
Quadratzahl																				

2 Berechne die Quadratzahl.

a) 30^2 = _____   b) 40^2 = _____   c) 90^2 = _____   d) 120^2 = _____

e) $0{,}2^2$ = _____   f) $0{,}7^2$ = _____   g) $0{,}19^2$ = _____   h) $0{,}5^2$ = _____

i) $1{,}8^2$ = _____   k) $1{,}5^2$ = _____   l) $1{,}1^2$ = _____   m) $1{,}6^2$ = _____

3 Berechne die Quadratwurzel.

a) $\sqrt{9}$ = _____   b) $\sqrt{16}$ = _____   c) $\sqrt{144}$ = _____   d) $\sqrt{64}$ = _____

e) $\sqrt{400}$ = _____   f) $\sqrt{0{,}16}$ = _____   g) $\sqrt{0{,}25}$ = _____   h) $\sqrt{1{,}69}$ = _____

i) $\sqrt{0{,}81}$ = _____   k) $\sqrt{0{,}49}$ = _____   l) $\sqrt{2{,}25}$ = _____   m) $\sqrt{3{,}24}$ = _____

4 Das Rechteck hat einen Flächeninhalt von $9\,cm^2$.
Zeichne ein Quadrat mit dem gleichen Flächeninhalt.

5 Ein $36\,m^2$ großer quadratischer Raum soll mit quadratischen Fliesen ausgelegt werden.
Die fugenlos verlegten Fliesen haben eine Kantenlänge von $15\,cm$.
Wie viele Fliesen werden benötigt? Fertige eine Skizze an.

Skizze:

Antwort: _____

6 Verbinde die gleichen Ergebnisse. Kreise die übrig gebliebenen Zahlen rot ein.

$\sqrt{400}$	25^2	$\sqrt{64}$	6^2	$\sqrt{289}$	18^2	$\sqrt{484}$	10^2

324   20   625   5   8   17   22   36   12   100   18

7 Ergänze die fehlenden Zahlen.

a) $\sqrt{144}$ = 12, denn 12^2 = _____

_____ = 19, denn 19^2 = _____

_____ = 21, denn 21^2 = _____

b) $\sqrt{121}$ = _____, denn 11^2 = _____

$\sqrt{225}$ = _____, denn 15^2 = _____

$\sqrt{361}$ = _____, denn 19^2 = _____

8 Welche Rechnungen sind falsch? Schätze und kreuze an.
Überprüfe mit dem Taschenrechner.

	Rechnung	Ich schätze ...		Ergebnis mit dem Taschenrechner berechnet
		richtig	falsch	
a)	$\sqrt{169}$ = 13			
b)	$\sqrt{1600}$ = 80			
c)	150^2 = 22 550			
d)	600^2 = 360 000			
e)	$\sqrt{529}$ = 23			
f)	$\sqrt{909}$ = 30			
g)	90^2 = 8 100			
h)	$1 000^2$ = 1 000 000			

9 Zwischen welchen beiden natürlichen Zahlen liegt die Zahl? Verbinde.
Berechne zuerst die Quadrate und schätze dann ab.

a)

3		7
6	< $\sqrt{15}$ <	5
4	< $\sqrt{20}$ <	4
5	< $\sqrt{38}$ <	8
7		6

b)

9		14
13	< $\sqrt{150}$ <	15
10	< $\sqrt{195}$ <	13
12	< $\sqrt{118}$ <	11
11		12

Kubikzahlen und Kubikwurzeln

1 Ergänze die fehlenden Zahlen.

a) $\sqrt[3]{\underline{}} = 2$, denn $2^3 = \underline{}$

b) $\sqrt[3]{27} = \underline{}$, denn $\underline{}^3 = 27$

c) $\sqrt[3]{1000} = \underline{}$, denn $\underline{}^3 = 1000$

d) $\sqrt[3]{\underline{}} = 4$, denn $\underline{}^3 = 64$

2 Berechne jeweils die Kantenlänge des Würfels.

a) $V = 1331\,cm^3$

b) $V = 0,125\,km^3$

3 Löse. Nutze den Taschenrechner.

$35^3 = \underline{}$

$64^3 = \underline{}$

$101^3 = \underline{}$

$\sqrt[3]{17576} = \underline{}$

$\sqrt[3]{373248} = \underline{}$

$\sqrt[3]{970299} = \underline{}$

4 Ole möchte einen würfelförmigen Hocker aus einzelnen kleinen Würfeln zusammenbauen. Die kleinen Würfel haben eine Kantenlänge von 15 cm. Der Hocker soll eine Höhe von 75 cm haben. Wie viele kleine Würfel muss Ole bestellen?

Skizze:

5 Probiere mit dem Taschenrechner.

a) Kann man aus negativen Zahlen die Quadratwurzel/die Kubikwurzel ziehen?

Quadratwurzel   ja / nein   Kubikwurzel   ja / nein

b) Kann man aus der Zahl 0 die Quadratwurzel / die Kubikwurzel ziehen?

Quadratwurzel   ja / nein   Kubikwurzel   ja / nein

6 Verbinde die gleichen Ergebnisse. Kreise die übrig gebliebenen Zahlen rot ein.

$\sqrt[3]{343}$ 20^3 $\sqrt[3]{1\,000}$ 8^3 $\sqrt[3]{64}$ $\sqrt[3]{1\,331}$ 5^3 $\sqrt[3]{216}$

8 000   7   512   9   11   4   13   125   6   10   515

7 Ergänze die fehlenden Zahlen.

a) $\sqrt[3]{2\,197}$ = 13, denn 13^3 = _____

   _____ = 15, denn 15^3 = _____

   _____ = 10, denn 10^3 = _____

b) $\sqrt[3]{125}$ = _____, denn _____ = _____

   $\sqrt[3]{512}$ = _____, denn _____ = _____

   $\sqrt[3]{729}$ = _____, denn _____ = _____

8 Ein Goldschmied soll einen Würfel aus Gold mit einer Kantenlänge von 1,7 cm anfertigen.

a) Berechne das Volumen des goldenen Würfels.

Antwort: _____

b) Gold hat eine Dichte von 19,32 $\frac{g}{cm^3}$. Wie schwer ist der goldene Würfel?

Antwort: _____

9 Ein würfelförmiges Aquarium fasst 512 Liter Wasser.
Auf der Verpackung des Aquariums sind folgende Maße angegeben: 80 cm x 80 cm x 80 cm.

a) Stimmt die Angabe auf der Verpackung? Überprüfe rechnerisch.

Antwort: _____

b) Welche Maße (in cm) müsste ein würfelförmiges Aquarium haben, wenn 750 Liter
Wasser hineinpassen sollen?

Antwort: _____

So geht es: Potenzen und Zehnerpotenzen

Die Potenz ist eine Kurzschreibweise für mehrmalige Multiplikationen mit dem gleichen Faktor.

$$4 \cdot 4 \cdot 4 \cdot 4 \cdot 4 = 4^5$$

5 Faktoren   vier hoch fünf

Hochzahl oder Exponent

4^5 Potenz

Grundzahl oder Basis

1 Schreibe als Potenz.

a) $3 \cdot 3 \cdot 3 \cdot 3 \cdot 3 \cdot 3 \cdot 3 \cdot 3 \cdot 3$ = _____

b) $8{,}2 \cdot 8{,}2 \cdot 8{,}2 \cdot 8{,}2 \cdot 8{,}2 \cdot 8{,}2$ = _____

c) $110 \cdot 110 \cdot 110 \cdot 110 \cdot 110$ = _____

Potenzgesetze

Potenzen mit gleicher Grundzahl werden multipliziert (dividiert), indem man die Hochzahlen addiert (substrahiert).	$5^2 \cdot 5^4 = 5^{2+4} = 5^6$ $7^9 : 7^4 = 7^{9-4} = 7^5$
Potenzen mit gleicher Hochzahl werden multipliziert (dividiert), indem man die Grundzahlen multipliziert (dividiert).	$2^3 \cdot 6^3 = (2 \cdot 6)^3 = 12^3$ $6^4 : 2^4 = (6 : 2)^4 = 3^4$

2 Schreibe die Beispielaufgaben so um, dass zu erkennen ist, warum die Potenzgesetze gelten.

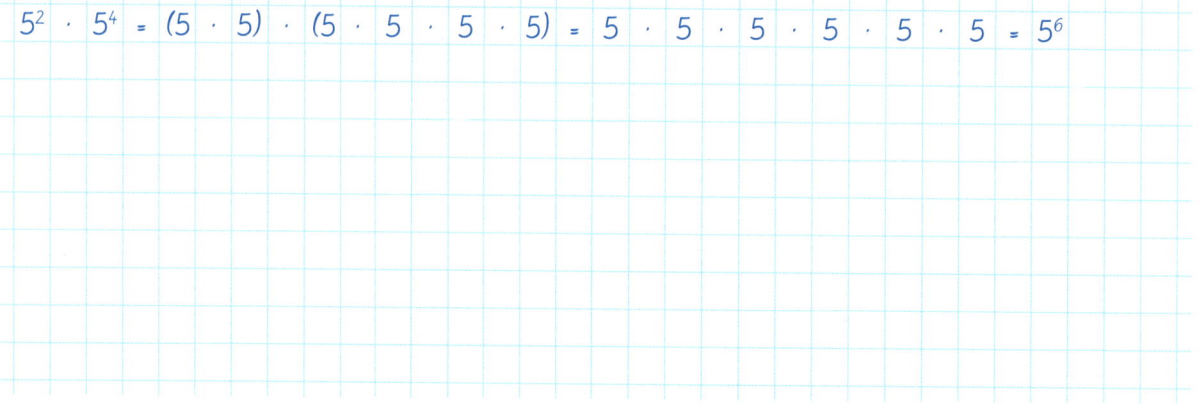

Zehnerpotenzen

Zehnerpotenzen schrittweise vergrößern oder verkleinern

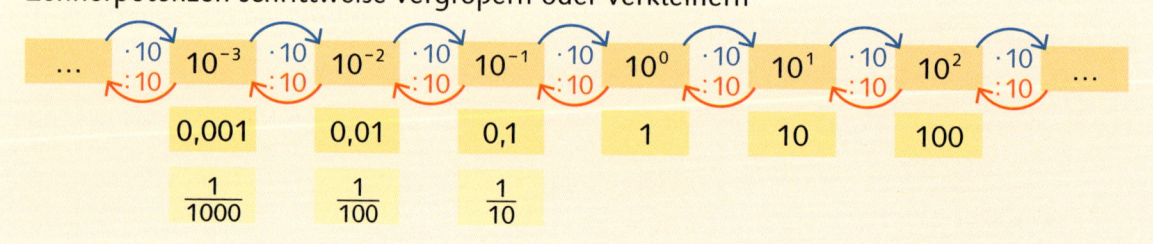

Potenzen

1 Schreibe als Potenz.

a) $5 \cdot 5 \cdot 5 \cdot 5 \cdot 5 \cdot 5 \cdot 5 =$ _____

b) $121 \cdot 121 \cdot 121 \cdot 121 \cdot 121 =$ _____

c) $0{,}2 \cdot 0{,}2 \cdot 0{,}2 \cdot 0{,}2 \cdot 0{,}2 =$ _____

d) $\frac{1}{2} \cdot \frac{1}{2} \cdot \frac{1}{2} \cdot \frac{1}{2} \cdot \frac{1}{2} \cdot \frac{1}{2} \cdot \frac{1}{2} \cdot \frac{1}{2} =$ _____

e) $89{,}3 \cdot 89{,}3 \cdot 89{,}3 \cdot 89{,}3 =$ _____

f) $0{,}\overline{777} \cdot 0{,}\overline{777} \cdot 0{,}\overline{777} \cdot 0{,}\overline{777} =$ _____

g) $11 \cdot 11 \cdot 11 \cdot 11 \cdot 11 \cdot 11 =$ _____

h) $9{,}99 \cdot 9{,}99 \cdot 9{,}99 \cdot 9{,}99 \cdot 9{,}99 =$ _____

2 Schreibe als Multiplikationsaufgabe und berechne das Produkt.

a) $5^2 =$ _____

b) $5^3 =$ _____

c) $20^2 =$ _____

d) $10^4 =$ _____

e) $9^3 =$ _____

f) $2^4 =$ _____

g) $25^2 =$ _____

h) $3^4 =$ _____

i) $2^5 =$ _____

k) $6^3 =$ _____

3 Schreibe zuerst als Multiplikationsaufgabe mit gleichen Faktoren und danach als Potenz.

a) $8 =$ _____

b) $125 =$ _____

c) $27 =$ _____

d) $216 =$ _____

e) $64 =$ _____

f) $1000 =$ _____

4 Vergleiche. >, < oder =? Setze ein.

a) $2^3 \;\square\; 3^2$

b) $5^2 \;\square\; 50 : 2$

c) $7 \cdot 7 \cdot 7 \;\square\; 7^5$

d) $2^4 \;\square\; 4^2$

e) $7^2 \;\square\; 42 + 7$

f) $3^3 \;\square\; 3 \cdot 3$

g) $20^2 \;\square\; 10^4$

h) $8^2 \;\square\; 2^6$

i) $81 \;\square\; 9^2$

k) $10^2 \;\square\; 5^3$

l) $150 - 6 \;\square\; 12^2$

m) $10^4 \;\square\; 100^2$

5 Rechne mit dem Taschenrechner. Notiere deine Beobachtung.

a) $11^2 =$ _____

b) $111^2 =$ _____

c) $1111^2 =$ _____

d) $11111^2 =$ _____

e) Die Aufgabe $11\,111\,111^2$ muss man ohne Taschenrechner lösen, wenn man das genaue Ergebnis erhalten möchte.

$11\,111\,111^2 =$ _____

Beobachtung: _____

6 Schreibe als Potenz.

a) $7 \cdot 7 \cdot 7 \cdot 7 \cdot 7 \cdot 7 \cdot 7 =$ _____

b) $290 \cdot 290 \cdot 290 \cdot 290 =$ _____

c) $0{,}04 \cdot 0{,}04 \cdot 0{,}04 =$ _____

d) $\frac{3}{8} \cdot \frac{3}{8} \cdot \frac{3}{8} \cdot \frac{3}{8} \cdot \frac{3}{8} =$ _____

7 Schreibe als Multiplikationsaufgabe und berechne das Produkt.

a) $8^5 =$ _____

b) $2^7 =$ _____

c) $0{,}3^3 =$ _____

d) $10^4 =$ _____

8 Schreibe zuerst als Multiplikationsaufgabe mit gleichen Faktoren und danach als Potenz.

a) $81 =$ _____

b) $64 =$ _____

c) $144 =$ _____

d) $125 =$ _____

9 Ergänze.
| Grundzahlen | multipliziert | subtrahiert | dividiert | addiert | Hochzahlen |

| multipliziert | dividiert | dividiert | Hochzahlen | multipliziert | Grundzahlen |

Potenzgesetze

a) Potenzen mit gleicher Grundzahl werden _____ ,

   indem man die _____ _____ .

b) Potenzen mit verschiedenen Grundzahlen werden _____ ,

   indem man die _____ _____ .

c) Potenzen mit gleicher Grundzahl werden _____ ,

   indem man die _____ _____ .

d) Potenzen mit verschiedenen Grundzahlen werden _____ ,

   indem man die _____ _____ .

10 Rechne mit Hilfe der Potenzgesetze im Kopf. Schreibe das Ergebnis als Potenz.

a) $9^2 \cdot 9^4 =$ _____

b) $9^3 \cdot 9^3 =$ _____

c) $6^3 \cdot 6^2 =$ _____

d) $6^4 \cdot 6^1 =$ _____

e) $8^5 \cdot 8^3 =$ _____

f) $12^{10} : 4^{10} =$ _____

g) $100^9 : 100^4 =$ _____

h) $2^6 \cdot 3^6 =$ _____

i) $1500^6 \cdot 1500^2 =$ _____

j) $140^8 : 70^8 =$ _____

Zehnerpotenzen

1 Schreibe ohne Potenz. Achte auf das Komma.

Beispiele: $2,3 \cdot 10^2 = 2,3 \cdot 100 = 230$

$1,8 \cdot 10^{-3} = 1,8 : 1000 = 0,0018$

a) $6,7 \cdot 10^3$ = _____

b) $5,2 \cdot 10^5$ = _____

c) $1,3 \cdot 10^{-7}$ = _____

d) $4,99 \cdot 10^4$ = _____

e) $3,27 \cdot 10^{-8}$ = _____

f) $9,01 \cdot 10^{-5}$ = _____

2 Schreibe mit einer Zehnerpotenz. Notiere wie in den Beispielen bei Aufgabe **1**.

a) 50 000 = _____ b) 0,0004 = _____

320 000 = _____ 57 000 = _____

0,0069 = _____ 0,000007 = _____

0,00085 = _____ 740 000 000 = _____

3 Schreibe ohne Potenz. Achte auf das Komma.

a) $5,7 \cdot 10^2$ = _____ b) $9,1 \cdot 10^{-3}$ = _____

c) $4,32 \cdot 10^5$ = _____ d) $6,85 \cdot 10^{-4}$ = _____

4 Schreibe mit einer Zehnerpotenz.

a) 20 000 = _____ b) 740 000 000 = _____

c) 0,083 = _____ d) 0,000 96 = _____

5 Rechne mit Hilfe der Potenzgesetze im Kopf.
Schreibe das Ergebnis mit einer Zehnerpotenz.

a) $3 \cdot 10^5 \cdot 2 \cdot 10^4$ = _____

b) $2 \cdot 10^8 \cdot 4 \cdot 10^3$ = _____

c) $8 \cdot 10^7 \cdot 5 \cdot 10^2$ = _____

6 Schreibe ohne Potenz. Vergleiche. Notiere deine Beobachtung.

$3,5 \cdot 10^2$ = _____ $7,4 \cdot 10^3$ = _____

$3,5 : 10^2$ = _____ $7,4 : 10^3$ = _____

$3,5 \cdot 10^{-2}$ = _____ $7,4 \cdot 10^{-3}$ = _____

Beobachtung: _____

_____

_____

7 Schreibe als Zehnerpotenz. Vergleiche. Notiere deine Beobachtung.

$6\,700$ = _____ $29\,000$ = _____

$0,0067$ = _____ $0,00029$ = _____

$0,67$ = _____ $0,29$ = _____

Beobachtung: _____

_____

_____

8 Welche Zahl ist jeweils größer? Vergleiche.

a) Das Universum ist etwa $1,38 \cdot 10^{10}$ Jahre alt und unsere Sonne ist
    etwa $4,57 \cdot 10^9$ Jahre alt.

Antwort: _____

b) Der Durchmesser eines roten Blutkörperchens misst $7,5 \cdot 10^{-6}$ m
    und der Durchmesser eines Wasserstoffatoms beträgt $1,1 \cdot 10^{-10}$ m.

Antwort: _____

_____

Das kann ich schon

1 In Japan befindet sich eine der größten Ameisenkolonien mit 306 000 000 Ameisen und 1 080 000 Ameisenköniginnen. Im Laufe ihres Lebens kann eine einzige Blattschneider-Ameisenkönigin $1,5 \cdot 10^8$ Eier legen.

a) Schreibe die Zahl der Ameisen und der Ameisenköniginnen als Zehnerpotenz.

Ameisen: _____   Ameisenköniginnen: _____

b) Schreibe die Anzahl der Eier ohne Potenz.

Eier: _____

c) Ordne die Zahlen der Größe nach. Beginne mit der kleinsten Zahl.

 _____ < _____ < _____

2 Ergänze die fehlenden Zahlen. Nutze den Taschenrechner.

a) $\sqrt{196}$ = 14, denn 14^2 = _____   b) $\sqrt[3]{6859}$ = 19, denn 19^3 = _____

 _____ = 16, denn 16^2 = _____   _____ = 12, denn 12^3 = _____

3 Schreibe das Ergebnis als Potenz.

a) $5^3 \cdot 5^2$ = _____   b) $14^3 : 7^3$ = _____

 $8^4 : 8^3$ = _____ $16^9 \cdot 2^9$ = _____

4 Rechne aus und kreuze an.

a) Wie groß ist ein Virus von $1{,}75 \cdot 10^{-6}$ m, wenn man es 10^6–mal vergrößert?

Ungefähr so groß wie ein ☐ Mensch, wie eine ☐ Maus oder die ☐ Freiheitsstatue.

b) Wie schwer ist ein Sandkorn von $2 \cdot 10^{-7}$ kg, wenn man es 10^9–mal vergrößert?

 Ungefähr so schwer wie ein ☐ Pinguin, wie ein ☐ Bär oder ☐ ein Pottwal.

Start ins Thema: Variablen

$3 + \square = 9$ $4 \cdot \square = 36$ $\quad$ $3 + a = 9$ $4 \cdot y = 36$
$\square - 18 = 120$ $\square : 9 = 11$ $\quad$ $x - 18 = 120$ $b : 9 = 11$

Das kenne ich schon.
Das kann ich gut.

Was sind das
für Buchstaben?

Für unbekannte Zahlen setzt man Platzhalter oder Variablen ein.
Eine Variable wird mit einem Kleinbuchstaben bezeichnet (a, b, c, ... x, y, z).

$7 + c$ $\quad$ $2 \cdot b$ $\quad$ $80 - x$ $\quad$ $45 : y$ $\quad$ $a - 23$ $\quad$ $d : 5$ $\quad$ $24 \cdot x$

1 Für welche Zahlen könnten hier die Variablen stehen?
Finde mindestens 3 sinnvolle Beispiele.

a) Sina steht um y Uhr auf. _____

b) Tim hat heute a Stunden Unterricht. _____

c) In Neles Klasse gehen c Mitschüler. _____

d) Sonjas Schulweg ist z km lang. _____

2 Für welche Zahlen stehen diese Variablen? Ordne zu.

a) Die Entfernung von der Erde zum Mond beträgt z Kilometer. _____ km

b) Eine Stunde hat y Sekunden. _____ s

c) Ein Schaltjahr hat a Tage. _____ Tage

d) Ein Marathonlauf beträgt s Kilometer. _____ km

e) Ein Fußballfeld im Stadion hat x m². _____ m²

| 42,195 | 366 | 3 600 | 7 140 | 385 000 |

3 Ersetze die Variablen durch Zahlen deiner Wahl und rechne.
Setze für dieselbe Variable immer dieselbe Zahl ein.

$7 \cdot a$ $\quad$ z.B.
$14 \cdot a$
$195 \cdot a$
$195 \cdot b$

a	=	2	,	b =	3
	7	·	2	=	1 4
	1 4	·	2	=	2 8
1	9 5	·	2	=	
1	9 5	·	3	=	

a = ____ , b = ____

So gut kann ich die Aufgaben: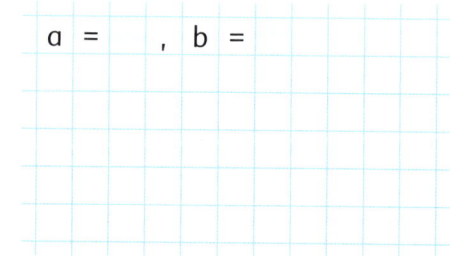

So geht es: Terme

Für den Term $a + a + a + a + 2$ kann man auch diese Terme schreiben.

$4 \cdot a + 2$ $2 + 4 \cdot a$ $4a + 2$ $2 + 4a$ $3a + a + 2$ $2a + 2a + 2$

Wenn in einem Term die gleiche Variable mehrmals vorkommt, lässt sich der Term vereinfachen.

1. Ich markiere die gleichen Variablen farbig.
2. Ich ordne.
3. Ich fasse zusammen.

Beispiel:

$a + b + a + b + 4$

$a + b + a + b + 4$

$= a + a + b + b + 4$

$= 2a + 2b + 4$

1 Vereinfache die Terme.

a)
$$x + x + x + 2$$
$$=$$

b)
$$3m + 8 + 4m - 3$$
$$=$$
$$=$$

Terme mit Klammern

$3 \cdot (10 + 7) = 3 \cdot 10 + 3 \cdot 7$
$= 30 + 21$

$3 \cdot (10 + 7) = 3 \cdot 17$
$= 51$

Hier habe ich zwei Möglichkeiten, den Term $3 \cdot (10 + 7)$ zu vereinfachen.

Die Klammer kann ich nicht zusammenfassen. Ich muss sie zuerst auflösen.

$3 \cdot (x + 7) = 3x + 21$

Beim Auflösen von Klammern gilt das Distributivgesetz.
Jeder Summand in der Klammer wird mit dem Faktor multipliziert.
Der Faktor kann vor oder hinter der Klammer stehen.
Dieses Vorgehen bezeichnet man als **Ausmultiplizieren von Klammern**.

Beispiel: $5 \cdot (3x + 7)$ Term
$= 5 \cdot 3x + 5 \cdot 7$ Jeder Summand in der Klammer wird mit 5 multipliziert.
$=   15x + 35$ Zusammenfassen

2 Löse die Klammern auf.

a)
$$5 \cdot (3 + y)$$
$$=$$
$$=$$

b)
$$4 \cdot (a + b)$$
$$=$$
$$=$$

Terme aufstellen und vereinfachen

1 Mit welchen Termen lässt sich der Flächeninhalt der Figur berechnen?
Kreuze die passenden Terme an.

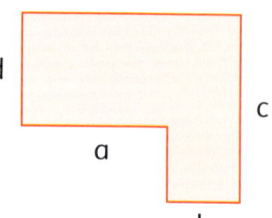

☐ a · b + c · d ☐ a + b · c + d ☐ a · d + b · c

☐ ad + bc ☐ a + d · c + b ☐ d · a + c · b

Kontrolliere, ob du die richtigen Terme gefunden hast.
Die Maße sind a = 4 m, b = 2 m, c = 5 m, d = 3 m. Der Flächeninhalt beträgt insgesamt 22 m².

2 Vereinfache die Terme.

a)

x + 3 − x + 5 − c

b)

3 a + 3 + 4 b − 2 a + 6 − 4 b

3 Bilde die passenden Terme.

a) Ich multipliziere die Variable a mit 5
und subtrahiere 19.

b) Kaufe vier Packungen und spare 5 €.

4 a) Gib einen Term an, mit dem du die monatlichen Kosten bestimmen kannst.

b) Berechne die Kosten bei 60 Gesprächsminuten im Monat.

ANGEBOT:
Grundgebühr
für das Gerät
9,90 €
Internet-Flatrate
5,99 €
Gespräch pro Minute
0,08 €

5 Vereinfache die Terme.

a) $7 - x + 3 + 9x$

b) $2 \cdot 6a - 6 \cdot 2b$

c) $5x + 3z + 6 - 5x$

d) $6a - 4 - a + 2b + 2 + 4b$

6 Vereinfache den Term: $4 + 9x + 6 - x + 2x$
Berechne den Wert des Terms für: a) $x = 8$ b) $x = -1$

7 Schreibe die Sätze zur Vereinfachung von Termen in der richtigen Reihenfolge auf.

Ich ordne.

Ich fasse zusammen.

Ich markiere die gleichen Variablen farbig.

1. _____

2. _____

3. _____

Terme mit Klammern

1 Löse die Klammern auf.

a)
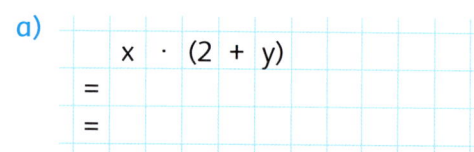
$$x \cdot (2 + y)$$
$$=$$
$$=$$

b)
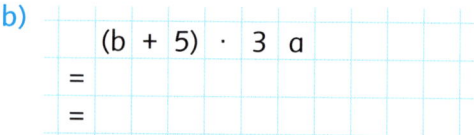
$$(b + 5) \cdot 3a$$
$$=$$
$$=$$

c)
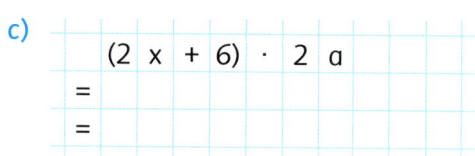
$$(2x + 6) \cdot 2a$$
$$=$$
$$=$$

d)
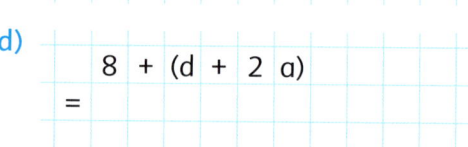
$$8 + (d + 2a)$$
$$=$$

e)
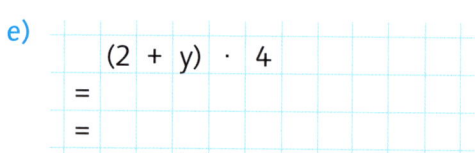
$$(2 + y) \cdot 4$$
$$=$$
$$=$$

f)
$$5 \cdot (6 + 2a)$$
$$=$$
$$=$$

2 Löse die Klammern auf und fasse zusammen.

a) $(3 + y) \cdot 4$ b) $5 \cdot (6 + 2a)$ c) $4c \cdot (7 + h)$

3 Klammere aus. Beispiel: $4x + 4y = 4 \cdot (x + y)$

a)
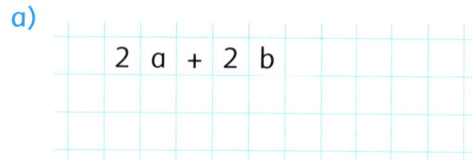
$$2a + 2b$$

b)
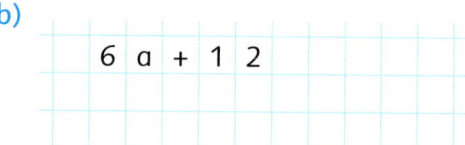
$$6a + 12$$

c)
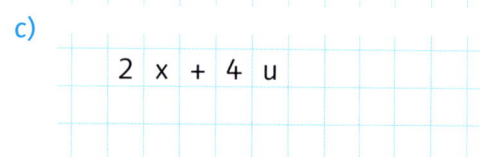
$$2x + 4u$$

d)
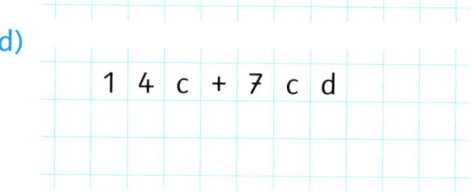
$$14c + 7cd$$

4 Löse die Klammern auf und vereinfache anschließend die Terme.

a)
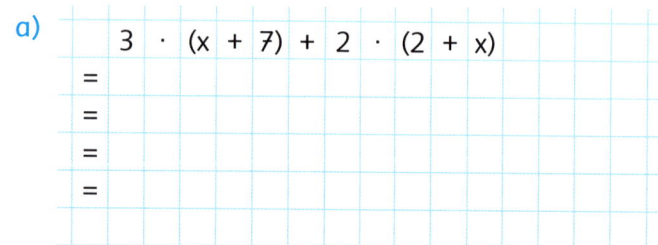
$$3 \cdot (x + 7) + 2 \cdot (2 + x)$$
$$=$$
$$=$$
$$=$$
$$=$$

b)
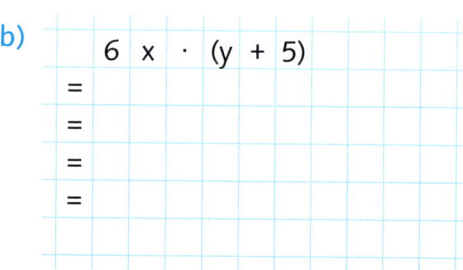
$$6x \cdot (y + 5)$$
$$=$$
$$=$$
$$=$$
$$=$$

5 Löse die Klammer auf und vereinfache die Terme

a) 5 (x + 3)

b) 4 (6x + 3)

c) 8 (3z + 2)

d) 4a + 5 (6a + 7) − 12

e) 3 (8y + 4) − 7y + 8

f) (2x + 4) a +7xa − 3a

6 Vereinfache den Term: 5 (x + 4) − 3x + x (4 + 2) − 9
Berechne den Wert des Terms für: a)   x = 6   b)   x = − 1

So geht es: Gleichungen lösen

$2a + 2b$ ist ein Term.

Wenn zwei Terme mit einem Gleichheitszeichen verbunden werden, erhält man eine Gleichung. Wenn beide Terme denselben Wert haben, ist die Aussage der Gleichung wahr.

Aber: $u_\square = 2a + 2b$ ist eine Gleichung.

Gleichungen durch Probieren lösen

Eine Gleichung lässt sich durch systematisches Probieren lösen.
Für die Variablen werden verschiedene Zahlen eingesetzt. Eine Tabelle hilft dabei.

1 Finde heraus, welchen Wert du für die Variable a einsetzen musst, damit die Aussage der Gleichung wahr ist. Ergänze die Tabelle.

w = wahr, f = falsch

$2 \cdot (a + 1) = 14$

a =	Term	Wert des Terms	Aussage: w/f
1	$2 \cdot (\mathbf{1} + 1)$	4	f
2	$2 \cdot (\mathbf{2} + 1)$	6	f
3	$2 \cdot (\mathbf{3} + 1)$		

Gleichungen durch Umformen lösen

Will man eine Gleichung mit einer Variable lösen, muss man sie so umformen, dass die Variable allein auf einer Seite des Gleichheitszeichens steht.

Wenn ich auf der einen Seite 3 subtrahiere, muss ich auf der anderen Seite …

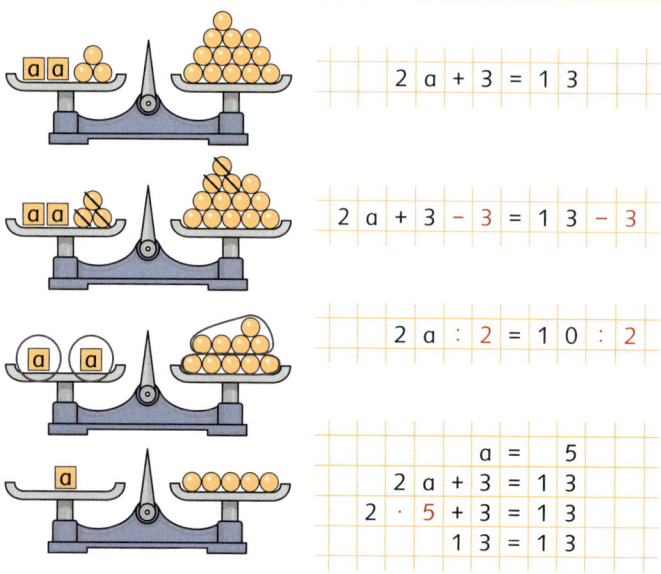

$2a + 3 = 13$

Ich stelle die Gleichung auf und überlege, was zu tun ist, damit die Variable allein steht.

$2a + 3 - 3 = 13 - 3$

Auf beiden Seiten subtrahiere ich das Gleiche.

$2a : 2 = 10 : 2$

Auf beiden Seiten dividiere ich durch die gleiche Zahl.

$a = 5$
$2a + 3 = 13$
$2 \cdot 5 + 3 = 13$
$13 = 13$

Ich habe die Lösung und kontrolliere mit der Probe.

Gleichungen durch Probieren lösen

1 Finde heraus, welchen Wert du für die Variable x einsetzen musst, damit die Aussage der Gleichung wahr ist. Ergänze die Tabelle.

w = wahr, f = falsch

2 kg + x = 10 kg			
x =	Term	Wert des Terms	Aussage: w/f
1 kg	2 kg + 1 kg	3 kg	f
5 kg			

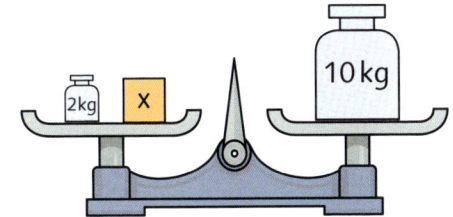

Du kannst dir eine Gleichung als Waage vorstellen. Wenn die Waage im Gleichgewicht ist, sind beide Seiten gleich schwer. Die Gleichung ist wahr.

2 a) Stelle jeweils eine passende Gleichung auf.

b) Bestimme das Gewicht der Kästen x und y.

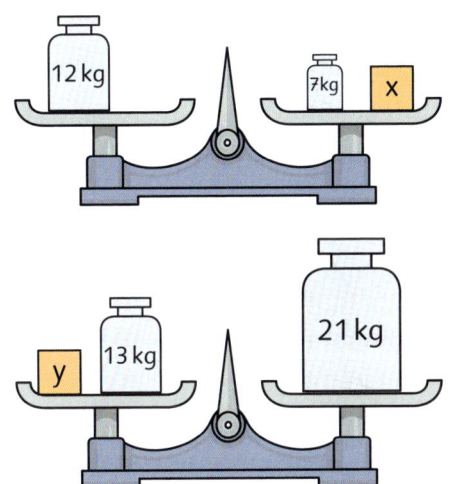

3 Löse die Gleichungen durch Probieren.

w = wahr,
f = falsch

a)

27 = 4x + 11			
x =	Term	Wert des Terms	Aussage: w/f
2	4 · 2 + 11	19	f

b)

4 + 3z + 5 = 24			
z =	Term	Wert des Terms	Aussage: w/f

4 Stelle die Gleichungen auf. Bestimme jeweils das Gewicht der Kästen a und b.

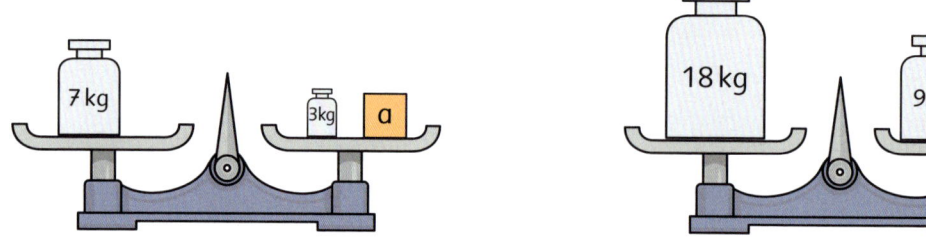

5 Löse die Gleichungen durch Probieren. w = wahr, f = falsch

2a + 5 = 15			
a =	Term	Wert des Terms	Aussage: w/f

3 + b = 2b − 3			
b =	Terme	Wert der Terme	Aussage: w/f

6 Ein Quader mit den Seiten a = 3 cm und b = 2 cm soll ein Volumen von 30 cm³ haben. Wie lang muss die Seite c sein?

Vereinfache zuerst die Gleichung.

Lösungstabelle: w = wahr, f = falsch

c =	Term	Wert des Terms	Aussage: w/f

Gleichungen durch Umformen lösen

1 Trage die Rechenschritte ein.

Abbildungen: Rechenschritte: Beschreibung:

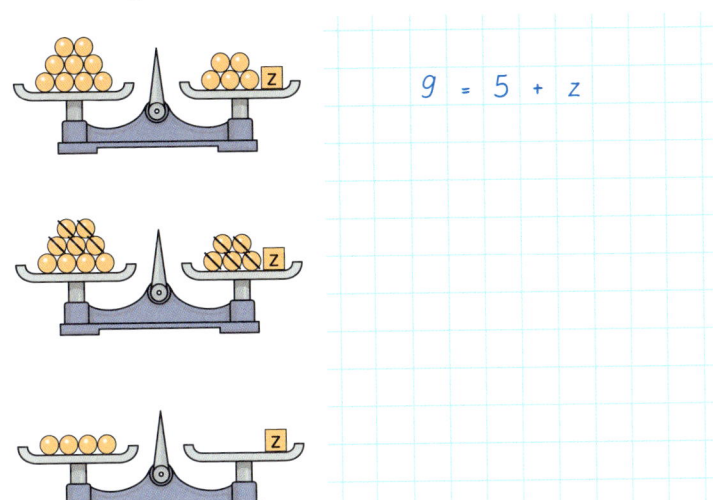

$9 = 5 + z$

Zuerst stelle ich die Gleichung auf.

Danach überlege ich, was zu tun ist, damit die Variable allein steht.

Hierzu muss ich auf beiden Seiten der Gleichung die gleichen Rechenschritte durchführen.
Jetzt weiß ich, welchen Wert die Variable hat.

2 Vervollständige die Waage und schreibe die weiteren Rechenschritte auf.

Abbildungen: Rechenschritte: Beschreibung:

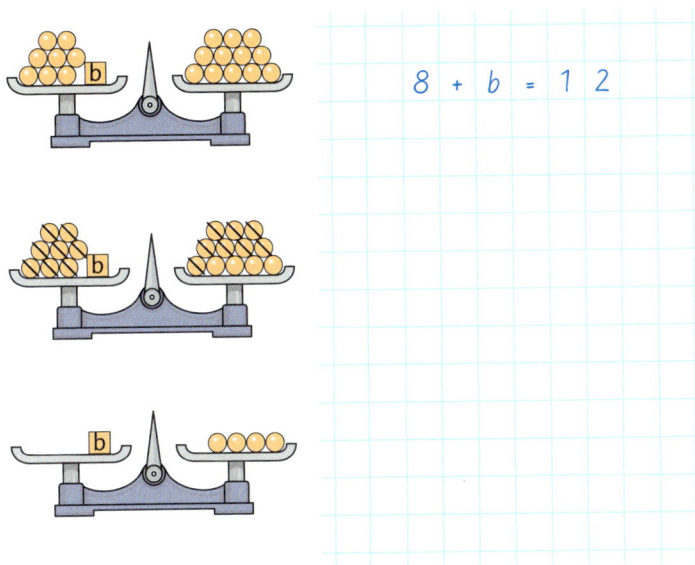

$8 + b = 1 2$

Zuerst stelle ich die Gleichung auf.

Danach überlege ich, was zu tun ist, damit die Variable allein steht.

Hierzu muss ich auf beiden Seiten der Gleichung die gleichen Rechenschritte durchführen.
Jetzt weiß ich, welchen Wert die Variable hat.

3 Schreibe zu jeder Waage eine passende Gleichung auf.

   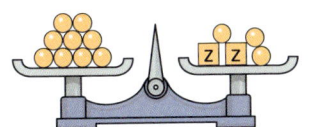   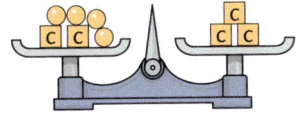

4 Trage die Rechenschritte ein.

Abbildungen:

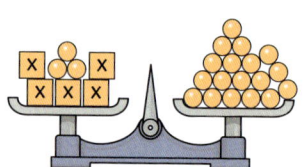

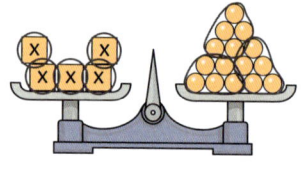

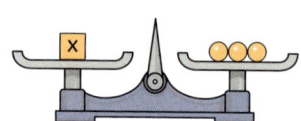

Rechenschritte:

Beschreibung:

Zuerst stelle ich die Gleichung auf.

Danach überlege ich, was zu tun ist, damit die Variable allein steht.
Wenn es möglich ist, forme ich um, indem ich subtrahiere oder addiere.

Dann dividiere ich beide Seiten durch den Faktor der Variablen.

Jetzt habe ich die Lösung.

Ich kontrolliere mit der Probe.

5 Löse die Gleichungen. Kontrolliere mit der Probe.

a) $4x + 1 = 9$

b) $6 = 6a - 6$

6 Ben und Ling-Ling vergleichen ihre Lösungen zur Gleichung $2x - 3 - x + 7 = 9$.
Ling-Lings Lösung lautet: $x = 5$. Bens Lösung lautet: $x = 4$. Kontrolliere mit der Probe.

7 Schreibe die Sätze zur Umformung einer Gleichung in der richtigen Reihenfolge auf.

Ich kontrolliere mit der Probe.

Ich habe nun die Lösung der Gleichung.

Ich stelle die Gleichung auf.

Ich dividiere beide Seiten durch den Faktor der Variablen, wenn nötig.

Ich forme durch Subtrahieren oder Addieren um, wenn es möglich ist.

8 Schreibe zu den Abbildungen der Waage die passende Umformung der Gleichung.
Kontrolliere anschließend mit der Probe.

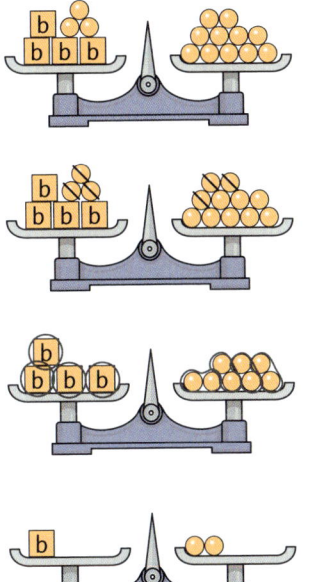

9 Vereinfache und löse jeweils die gleiche Aufgabe einmal ohne Aufforderungsstrich und einmal mit Aufforderungsstrich.

a) $3x + 5 = 20$

$3x + 5 = 20$

b) $9 + 7x = 58$

$9 + 7x = 58$

c) $8x - 3 = 39 + 2x$

$8x - 3 = 39 + 2x$

d) $9 + 3a = 7a + 5$

$9 + 3a = 7a + 5$

10 Erkläre, mit welchem Rechenweg du besser rechnen kannst. Begründe.

Antwort: _____

_____

_____

_____

11 Vereinfache und löse die Gleichungen.

a) $19 - 3x = x + 7$

b) $8x + 2 = 5x + 20$

c) $8(x - 2) = 4x + 16$

d) $1,2x + 8 = 0,4x + 14$

12 Löse die Gleichung. Kontrolliere dein Ergebnis mit der Probe. Setze ein.

a) Gleichung: $5x - 4 = 3x + 8$ Probe:

b) Gleichung: $7(x + 8) - 3 = 5 + 13x$ Probe:

13 Löse die Gleichung. Erinnere dich an die Regeln für das Dividieren von Brüchen.

a) Gleichung: Probe: b) Gleichung: Probe:

Textaufgaben

1 a) Ordne jeder Waage die passende Aussage zu.

A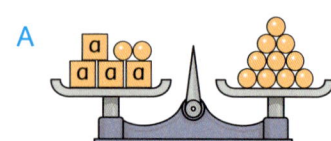

1 Das Dreifache einer Zahl ist gleich dem Doppelten der Zahl vermehrt um 4.

B

2 Zum Vierfachen einer Zahl addiere ich 2. Das Ergebnis ist 10.

C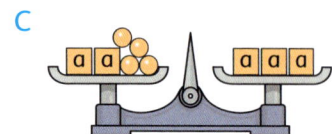

3 Ich denke mir eine Zahl und addiere 6. Das Ergebnis ist gleich dem Vierfachen der Zahl.

b) Erstelle zu jeder Waage die passende Gleichung und löse diese.

A   B   C

2 Erstelle einen passenden Term. Berechne, wie groß die drei Winkel sind.

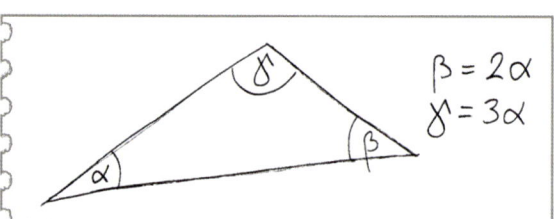

$\beta = 2\alpha$
$\gamma = 3\alpha$

Die Winkelsumme im Dreieck ist 180°.

3 Ein Quadrat hat einen Umfang von $u_\square = 36\,cm$. Wie lang sind die Seiten?

Antwort: _____

4 Stelle jeweils eine Gleichung auf und löse sie. Kontrolliere mit der Probe.

a) Das Fünffache einer Zahl vermindert um 10 ist gleich dem Dreifachen einer Zahl vermehrt um 2.

b) Subtrahierst du vom Vierfachen einer Zahl fünf, erhältst du das Zweifache der Zahl addiert mit 13.

c) Beim schulischen Sponsorenlauf schafft Lena drei Runden mehr als Mira. Zusammen sind beide 19 Runden gelaufen.

Frage: _____

Antwort: _____

d) Dana kauft eine Pizza für 8,50 € und zwei Flaschen Limonade. Insgesamt zahlt sie 13,00 €.

Frage: _____

Antwort: _____

So geht es: Formeln richtig verwenden

In vielen mathematischen Rechnungen werden Formeln verwendet. Nicht alle Formeln kannst du auswendig lernen und dir merken. Eine Formelsammlung hilft dir, die richtige Formel zu finden. Manchmal musst du eine Formel nach dem gesuchten Wert umstellen.

1 Tim und Juri arbeiten beim Anlegen eines Biotops mit. Das Biotop hat die Grundfläche eines Parallelogramms und soll eingezäunt werden. Die Größe der Fläche beträgt $308\,m^2$ und die zugehörige Höhe $8\,m$.

Wie lang ist die Grundseite? Juri rechnet so:

1.	Ich wähle die richtige Formel aus.
2.	Ich setze die bekannten Werte ein.
3.	Wenn nötig, forme ich nach dem gesuchten Wert um.
4.	Ich rechne aus. Ich achte auf die richtige Maßeinheit.

geg. $A = 308\,m^2$
$\quad\quad h_g = 8\,m$

Skizze:

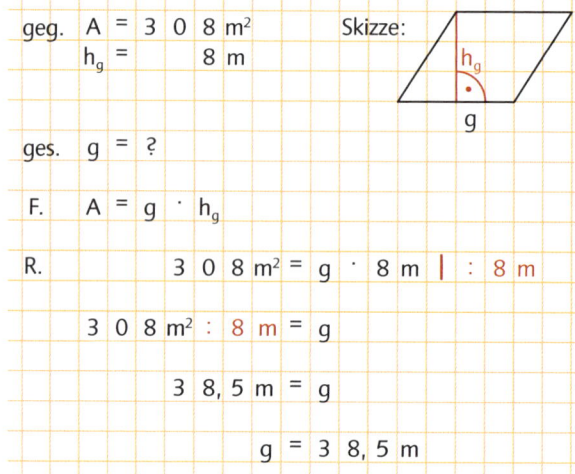

Zur Hilfe fertige ich eine Skizze an.

ges. $g = ?$

F. $A = g \cdot h_g$

R. $\quad 308\,m^2 = g \cdot 8\,m \quad | : 8\,m$

$\quad 308\,m^2 : 8\,m = g$

$\quad 38{,}5\,m = g$

$\quad\quad g = 38{,}5\,m$

Tim stellt für die Berechnung zuerst die Formel des Parallelogramms um. Danach setzt er die entsprechenden Werte ein und rechnet aus.

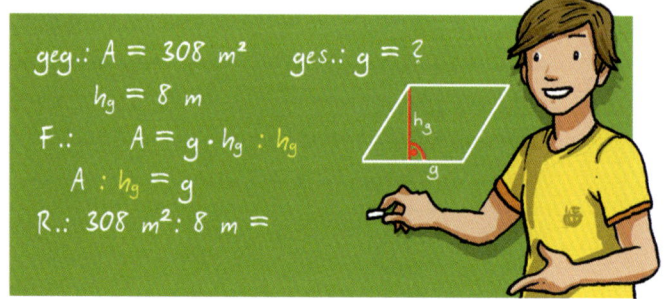

geg.: $A = 308\,m^2$ \quad ges.: $g = ?$
$\quad h_g = 8\,m$
F.: $\quad A = g \cdot h_g : h_g$
$\quad A : h_g = g$
R.: $308\,m^2 : 8\,m =$

2 Welchen Lösungsweg findest du leichter? Begründe.

_____

_____

_____

_____

Formeln richtig verwenden

1 Berechne die fehlenden Größen. Setze zuerst die Werte in die Formel ein und stelle danach um.

a) Rechteck

$b = 12$ cm, $A = 66$ cm²

b) Quadrat

$A = 289$ cm²

c) Parallelogramm

$h_g = 3{,}5$ cm, $A = 31{,}5$ cm²

d) Dreieck

$h_a = 5$ cm, $A = 17{,}5$ cm²

2 Ein rechteckiger Garten hat einen Umfang von 160 m. Er ist 35 m breit.
Wie lang ist der Garten?

1. Ich wähle die richtige
Formel aus.

2. Ich setze die
bekannten Werte ein.

3. Wenn nötig, forme
ich nach dem
gesuchten Wert um.

4. Ich rechne aus.
Ich achte auf die
richtige Maßeinheit.

3 Berechne die fehlenden Größen. Stelle zuerst die Formel um und setze dann die Werte ein.

a) Parallelogramm
g = 5,4 cm, A = 17,5 cm²

b) Kreis
A = 4,9 cm²

Das kann ich schon

1 Vereinfache die Terme.

a) 12a + 5 – 4a + 9 – a

b) 8x + 7 – 6y – 2,3 – 3x

2 Löse die Klammer auf und vereinfache den Term.

a) 2(x + 5) – 12 + 5x + 7

b) 7x + 4 (3 – x) + 6

3 Löse die Gleichung. Kontrolliere mit der Probe.

a) 6x + 4 = 3x + 16

b) 3 (x + 4) + 5 = 6x – 7

4 Stelle die Formel so um, dass du den Radius r bzw. den Durchmesser d berechnen kannst.

a) $U_O = 2\,\pi \cdot r$

b) $U_O = \pi \cdot d$

Start ins Thema: Daten und Diagramme

1 In einem Jahr wurden in Deutschland 1 461 428 Jugendliche ausgebildet.
Die Auszubildenden verteilen sich wie folgt auf die einzelnen Berufsfelder.

Ausbildungsbereich	Anzahl der Auszubildenden
Insgesamt	1 461 428
Industrie und Handel	850 821
Handwerk	414 209
Landwirtschaft	36 905
Öffentlicher Dienst	37 389
Freie Berufe	112 853
Hauswirtschaft	9 251

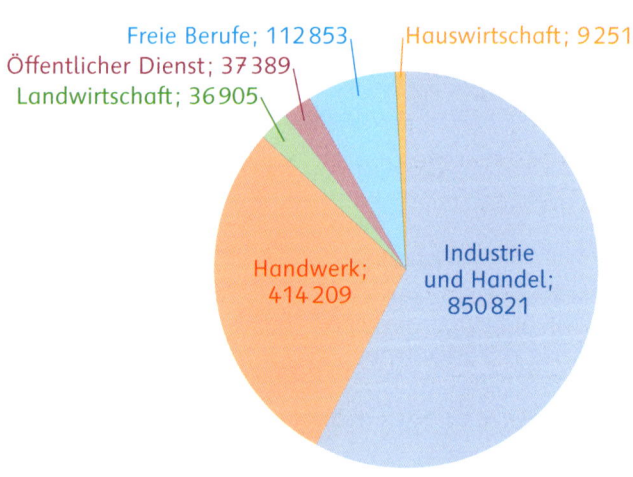

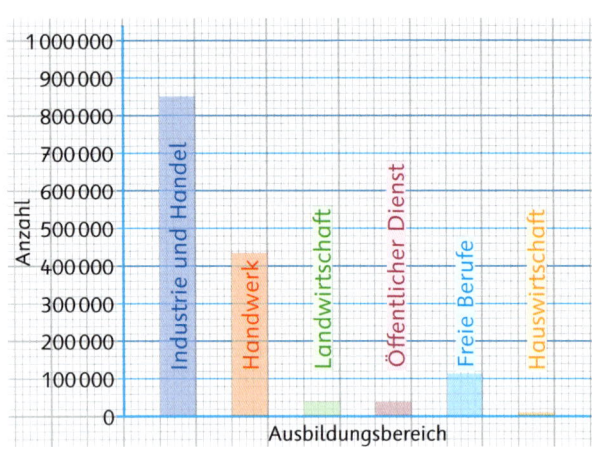

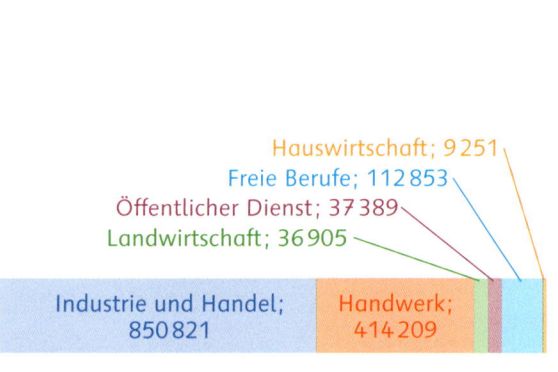

a) Ordne die Begriffe zu. Kreisdiagramm Streifendiagramm Tabelle Säulendiagramm

b) Welche Darstellung findest du am übersichtlichsten? Begründe.

2 Ist die Aussage wahr oder falsch? Kreuze an. wahr falsch

a) Es werden etwa doppelt so viele Jugendliche in
Industrie und Handel ausgebildet wie im Handwerk. ☐ ☐

b) Im öffentlichen Dienst werden fast genauso viele
Jugendliche ausgebildet wie in der Landwirtschaft. ☐ ☐

So gut kann ich die Aufgaben: ☺ ☺ ☹

So geht es: Daten auswerten und darstellen

Daten kann man der Größe nach ordnen und in Listen zusammenstellen.
1. Der kleinste Wert heißt **Minimum**.
2. Der größte Wert heißt **Maximum**.
3. Der **Zentralwert** (Median) ist der Wert, der genau in der Mitte liegt.

Gibt es eine gerade Anzahl von Werten, dann ist der Zentralwert von den beiden mittleren Werten gleich weit entfernt. Beispiel: 3 4 8 11 Zentralwert = 6

So berechnest du den **Durchschnitt**:
1. Addiere alle Einzelergebnisse.
2. Dividiere die Summe durch die Anzahl der Einzelergebnisse.

Die **Spannweite** der Messergebnisse ist die Differenz zwischen dem Maximum und dem Minimum:
Maximum − Minimum = Spannweite

1 In der Schule wurde eine Umfrage unter der Schülerinnen und Schülern durchgeführt. Der älteste Schüler ist zum Zeitpunkt der Umfrage 17, der jüngste 10 Jahre alt. Das Durchschnittsalter der insgesamt 25 befragten Schülerinnen und Schüler liegt bei 16,04 Jahren.

a) Ordne die Begriffe Maximum, Minimum, Durchschnitt den Angaben im Text zu.

b) Berechne die Spannweite.

Spannweite: _____

Balken- und Säulendiagramme werden verwendet, um absolute Häufigkeiten zu veranschaulichen. (Man kann sie auch für relative Häufigkeiten verwenden.)

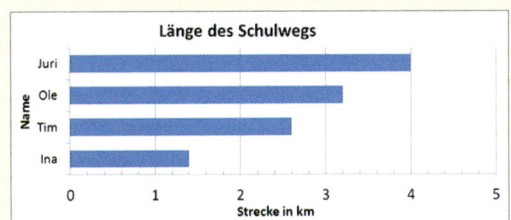

Balkendiagramme werden dabei häufig der Größe nach geordnet gezeichnet.

Säulendiagramme werden häufig genutzt, um zeitliche Abläufe darzustellen.

Streifen- und Kreisdiagramme werden verwendet, um relative Häufigkeiten zu veranschaulichen. In der Regel werden die Werte in Prozent angegeben.

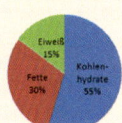

Streifen- und Kreisdiagramme eignen sich zur Darstellung von Größenverhältnissen und Anteilen.

Auswerten von Daten

1 Bei einer Umfrage wurden neun Schülerinnen und Schüler gefragt, wie viele Spiele sie auf ihrem Smartphone installiert haben.

Anzahl Spiele	1	2	3	3	5	7	7	8	9

Kontrolliere zuerst Juris Auswertung der Umfrage. Korrigiere sie anschließend.

Minimum: 1   _____   (richtig: ✓/falsch: f)

Maximum: 9   _____

Spannweite: 9   _____

Durchschnitt: 4,5   _____

Zentralwert: 5   _____

2 Es wurden zehn Schülerinnen und Schüler befragt, wie viele SMS sie in den letzten sieben Tagen verschickt haben.

Anzahl SMS	4	7	8	8	9	9	11	24	32	38

a) Ermittle das Minimum, das Maximum und den Zentralwert.
   Berechne die Spannweite und den Durchschnitt.

   Minimum: _____   Maximum: _____   Spannweite: _____

   Zentralwert: _____

   Durchschnitt: _____

b) Welchen Wert hältst du für aussagekräftiger, den Durchschnitt oder den Zentralwert?
   Begründe.

   _____

   _____

c) Die rot hervorgehobenen Zahlen entsprechen den Angaben der Schülerinnen und
   Schüler, die eine SMS-Flatrate haben. Bestimme nun erneut den Durchschnitt und den
   Zentralwert, einmal für die ersten sieben Angaben (ohne Flatrate) und einmal für die
   letzten drei Angaben (mit Flatrate).

          ohne Flatrate: mit Flatrate:

   Durchschnitt: _____   Durchschnitt: _____

   Zentralwert: _____   Zentralwert: _____

   Was fällt dir auf? Beschreibe.

   _____

   _____

3 In der Klasse 9a geben 6 von 24 Jugendlichen an, dass sie in ihrer Freizeit am liebsten Computerspiele spielen. In der Klasse 9b hingegen sind 4 von 20 Jugendlichen „Gamer". Bestimme jeweils die absoluten und die relativen Häufigkeiten und vergleiche die Ergebnisse der beiden Klassen miteinander. In welcher Klasse gibt es mehr „Gamer"?

Klasse	9a	9b
Gesamtzahl der Jugendlichen		
Anzahl der „Gamer"		
relative Häufigkeit		

Antwort: _____

_____

_____

4 Während seines Praktikums in der Bäckerei wollte Noah herausfinden, welches Heißgetränk seine Kunden am liebsten mögen.

Heißgetränk	Strichliste	absolute Häufigkeit	relative Häufigkeit
Kaffee	ⅢⅢ ⅢⅢ ⅢⅢ ⅢⅢ ⅢⅢ ⅢⅢ II		
Latte Macchiato	ⅢⅢ ⅢⅢ ⅢⅢ ⅢⅢ IIII		
Tee	ⅢⅢ ⅢⅢ IIII		
Heiße Schokolade	ⅢⅢ ⅢⅢ		
	Gesamtzahl:	80	

a) Ermittle die absoluten Häufigkeiten und trage sie in die Tabelle ein.

b) Berechne aus den absoluten Häufigkeiten die relativen Häufigkeiten in Prozent. Trage die Werte in die Tabelle ein.

Kaffee: $\dfrac{32}{80} = 0,4 \quad \dfrac{40}{100} =$

5 In einer Klasse mit 20 Schülerinnen und Schülern wurde gefragt, welcher Snack beim Fernsehen ihre erste Wahl wäre. Hierbei gaben 8 von 20 Schülerinnen und Schülern Kartoffelchips an. Wie viele Jugendliche wären das in einer Schule mit 180 Schülerinnen und Schülern, bei gleicher relativer Häufigkeit?

_____

_____

Darstellen von Daten

1 Olaf hat im Abschlussjahrgang seiner Schule eine Umfrage durchgeführt um herauszufinden, mit welcher „Strategie" man am besten einen Ausbildungsplatz findet.

a) Berechne die relativen Häufigkeiten. Nutze den Taschenrechner.

„Strategie"	absolute Häufigkeit	relative Häufigkeit
fehlerfreie Bewerbung	35	
familiäre Beziehungen	21	
vorher ein Praktikum im Betrieb gemacht	70	
möglichst gutes Abschlusszeugnis	54	

b) Vergleiche die absolute und die relative Häufigkeit aus Aufgabe a) jeweils im Diagramm miteinander. Nutze die abgebildete Grafik, um dich zu entscheiden, welche beiden Diagrammtypen du hierfür am besten wählst.

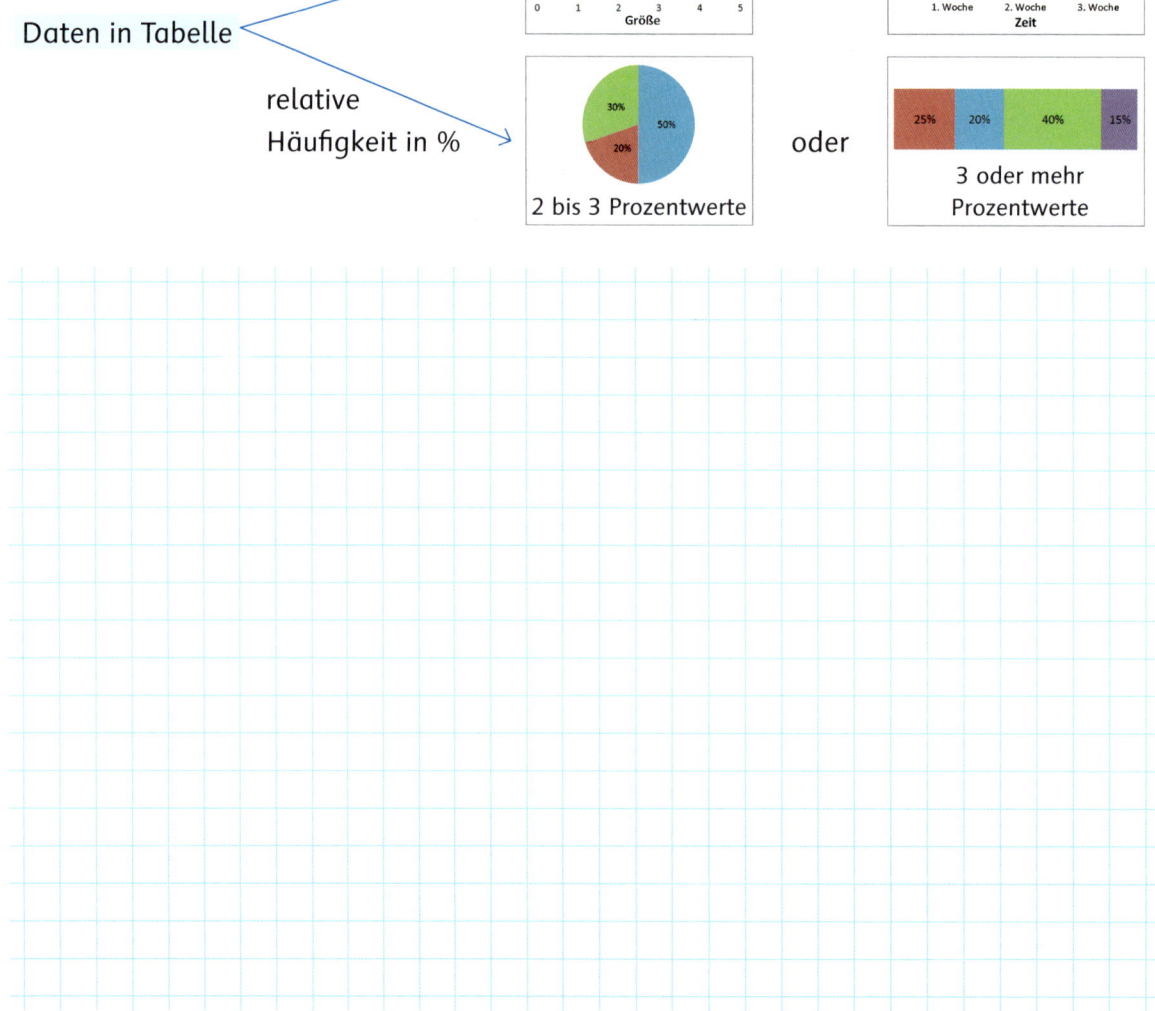

2 Lisa und Lena haben 200 Jugendliche in ihrer Stadt gefragt, welchen der folgenden Berufe sie am interessantesten finden. Berechne die relativen Häufigkeiten.
Nutze den Taschenrechner.

Beruf	absolute Häufigkeit	relative Häufigkeit
Fachlageristin/Fachlagerist	28	$\frac{28}{200} = 0{,}14 = 14\,\%$
Beiköchin/Beikoch	20	
Gebäudereinigerin/Gebäudereiniger	12	
Metallwerkerin/Metallwerker	65	
Sozialhelferin/Sozialhelfer	75	

3 Die absoluten und die relativen Häufigkeiten aus der Tabelle in Aufgabe **2** sollen in jeweils einem Diagramm miteinander verglichen werden.

a) Ermittle mit Hilfe der gezeigten Grafik, welchen Diagrammtyp du wählst, um die absoluten Häufigkeiten darzustellen. Zeichne das Diagramm.

b) Ermittle mit Hilfe der gezeigten Grafik, welchen Diagrammtyp du wählst, um die relativen Häufigkeiten darzustellen. Zeichne das Diagramm.

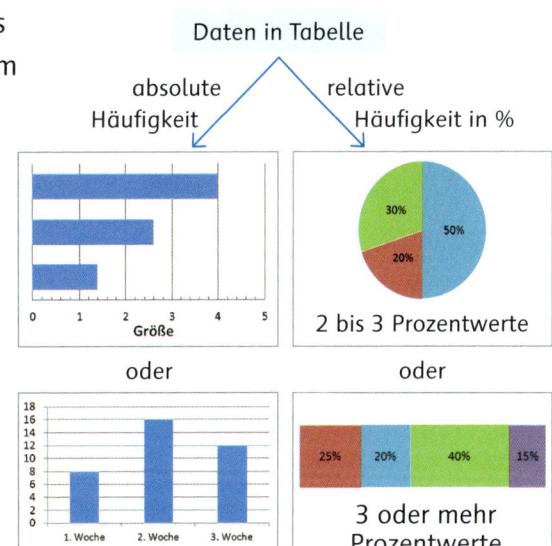

Daten in Tabelle

absolute Häufigkeit

relative Häufigkeit in %

2 bis 3 Prozentwerte

oder

oder

3 oder mehr Prozentwerte

4 Zeichne ein Kreisdiagramm.

a) Rechne zuerst die relativen Häufigkeiten mit dem Faktor 3,6 in Grad um.

relative Häufigkeit	relative Häufigkeit · 3,6 = Grad
20 %	
25 %	
55 %	

b) Erstelle danach das Kreisdiagramm in vier Schritten:

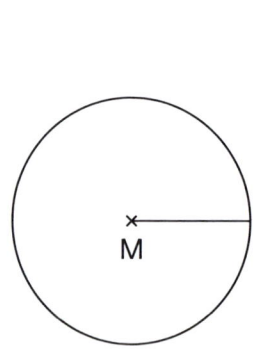 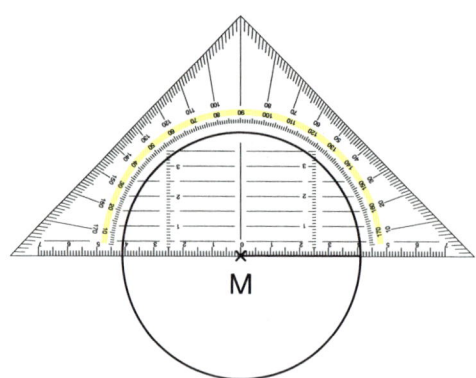 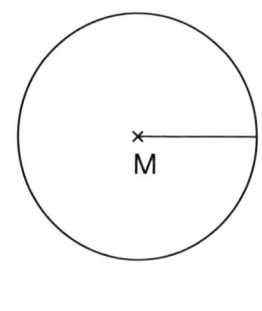

1

Zeichne einen Kreis.
Verbinde den Mittelpunkt
mit der Kreislinie.

2

Lege das Geodreieck am
Mittelpunkt an und trage
den ersten Winkel ab.

3

Lege das Geodreieck erneut
an und trage den zweiten
Winkel ab.

4

Der dritte Winkel beträgt hat „automatisch" die richtige Größe. Miss nach!
Beschrifte das Kreisdiagramm.

5 Zeichne ein Kreisdiagramm wie in Aufgabe **4** mit folgenden Werten:

relative Häufigkeit	relative Häufigkeit · 3,6 = Grad
40 %	
10 %	
50 %	

So geht es: Diagramme kritisch vergleichen und Manipulationen erkennen

Diagramme und Schaubilder werden häufig genutzt, um die Meinung eines Betrachters zu einem Thema in eine gewünschte Richtung zu lenken. Dabei wird oft eine geringe Veränderung **überdeutlich** oder eine deutliche Veränderung **abgeschwächt** dargestellt. Hierfür werden häufig zwei Tricks miteinander kombiniert:

1. Es wird eine feine oder gröbere Achseneinteilung gewählt.
2. Es werden abgeschnittene oder ganze Achsenstücke dargestellt.

In einer Schülerzeitung äußern sich Befürworter und Gegner der Einführung von Schuluniformen. Jede Interessengruppe stellt die Umfrageergebnisse der letzten Jahre in einem Säulendiagramm dar.

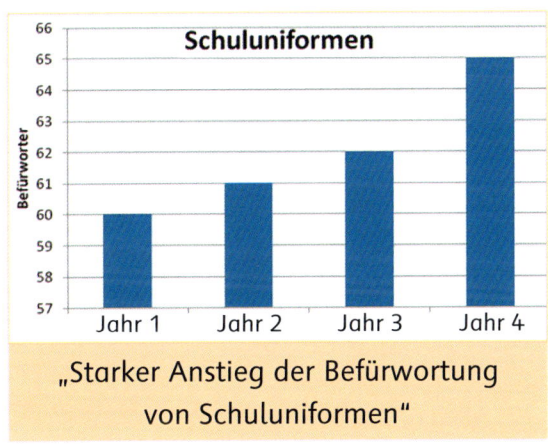

„Starker Anstieg der Befürwortung von Schuluniformen"

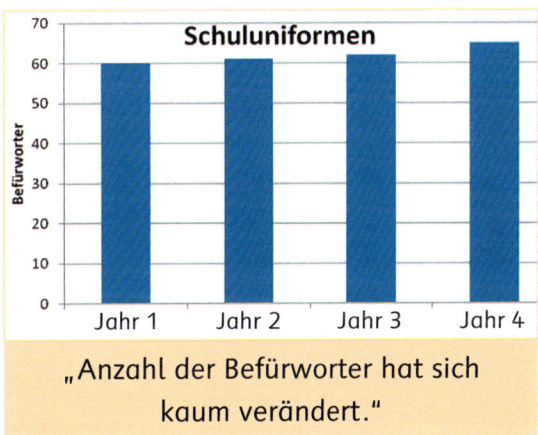

„Anzahl der Befürworter hat sich kaum verändert."

1 Bei welchem der beiden Diagramme wurden die Tricks angewendet? Kreise ein.

Bei Angaben von Anteilen in Prozent sind folgende Kontrollfragen wichtig:

1. Ist angegeben, wie viele Personen befragt oder wie viele Gegenstände getestet wurden?
2. Ist die Anzahl der befragten Personen oder der getesteten Gegenstände hoch genug?
3. Ergeben alle Anteile in Prozent immer die Summe 100?
4. Stimmt die Aussage mit dem Diagramm überein?

Preiserhöhungen werden häufig versteckt. Die Waren werden in der gleichen Packung, zum selben Preis, aber mit weniger Inhalt angeboten. Verbraucherzentralen bezeichnen dies als „Mogelpackung". Das Umrechnen in Prozentangaben kann helfen, versteckte Preiserhöhungen zu entdecken.

Diagramme kritisch miteinander vergleichen

1 Ergänze: Um mit Hilfe von Diagrammen und Schaubildern die Meinung eines Betrachters in eine gewünschte Richtung zu lenken, kann man...

a) eine geringe Veränderung überdeutlich darstellen, indem man eine _____

Achseneinteilung wählt und zusätzlich Achsenabschnitte _____ .

b) eine deutliche Veränderung abgeschwächt darstellen, indem man eine _____

Achseneinteilung wählt und ein _____ Achsenstück darstellt.

2 In einer Schule wählten 40 % der Jugendlichen als Lieblings-Castingshow „Nur dich!".
Die Sendung „Stars von morgen" erhielt 37 % der Stimmen.
Beschrifte die Achsen vollständig und erstelle jeweils ein zu den Überschriften passendes Säulendiagramm:

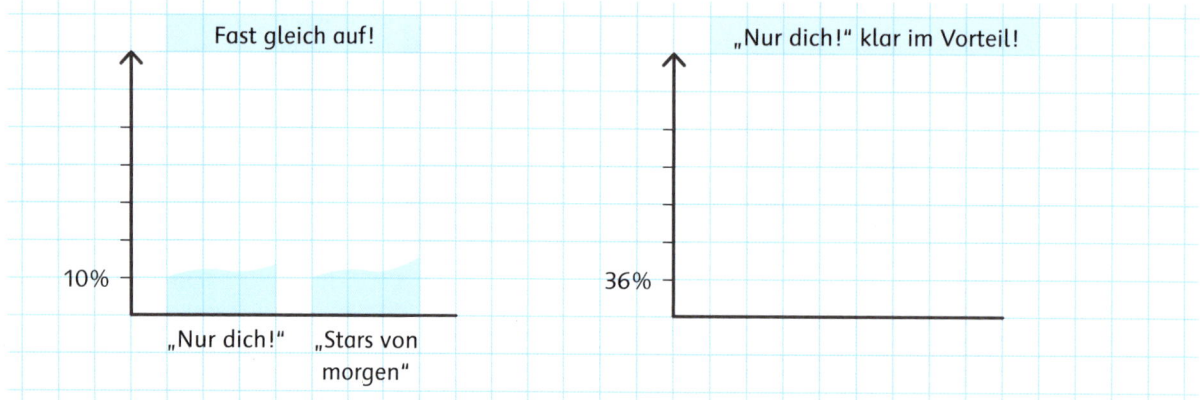

3 In einer Schule wurden die Schülerinnen und Schüler nach ihrem Lieblings-Fastfood-Restaurant in ihrer Stadt befragt. Dabei wurden folgende Ergebnisse ermittelt:

Bouletten-König: 36 Stimmen   Brutzelei: 32 Stimmen

Erstelle ein abgeschwächtes Säulendiagramm für die Presse und ein überdeutliches Säulendiagramm zur Eigenwerbung für den Bouletten-König. Vergiss die Überschriften nicht.

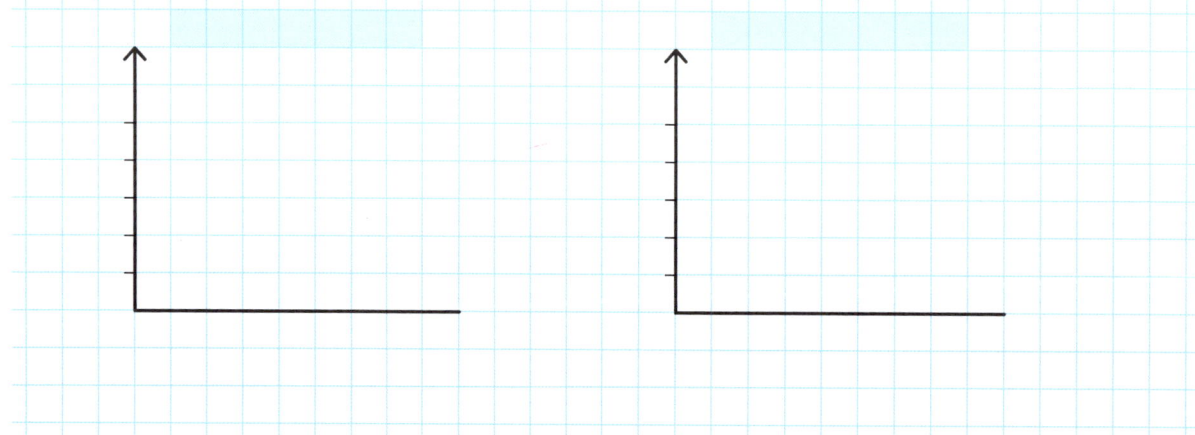

4 Die Ergebnisse von zwei Umfragen wurden in den Diagrammen unterschiedlich dargestellt. Vergleiche beide Diagramme und erkläre, wie diese Unterschiede zustande kommen.

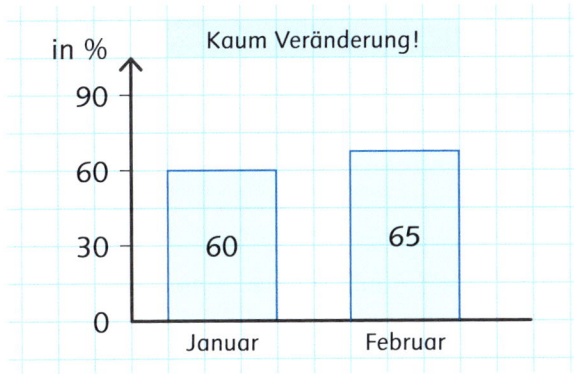

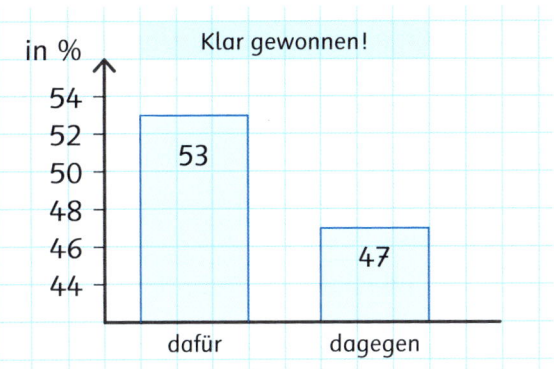

Erklärung: _____

_____

_____

Erklärung: _____

_____

_____

5 Für die Schülerzeitung wurde eine Umfrage durchgeführt. Die Jugendlichen der Schule wurden gefragt, ob sie lieber nachmittags auf dem Schulhof (30 %) oder beim Jugendzentrum (34 %) skaten.
Der Redakteur der Zeitung skatet lieber auf dem Schulhof und möchte daher das Diagramm abgeschwächt darstellen.
Erstelle das passende Säulendiagramm.

6 Bei der Frage, ob es gut wäre, wenn Jugendliche bereits mit 15 Jahren bis nach Mitternacht in einer Disko bleiben dürften, haben 80 Jugendliche wie folgt geantwortet:

Ja, zur Disko bis nach Mitternacht: 38

Nein, zur Disko bis nach Mitternacht: 42

Erstelle ein abgeschwächtes und ein überdeutliches Säulendiagramm mit Überschrift.

Manipulationen erkennen

1 Die Ergebnisse von vier Umfragen wurden manipulativ dargestellt.
Erkläre, wie diese Diagramme manipuliert worden sind.

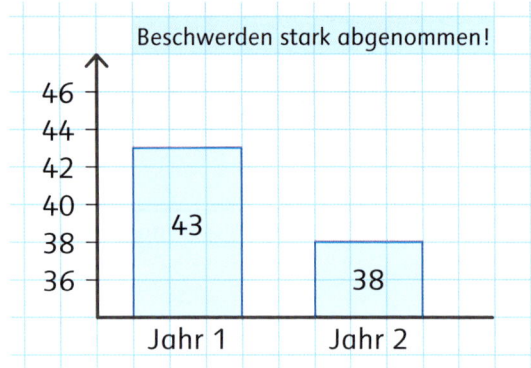

Erklärung: _____

_____

_____

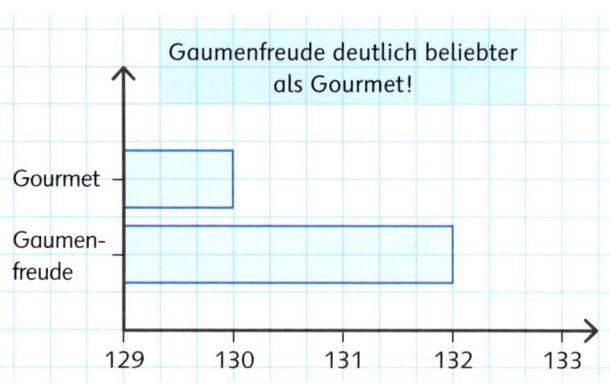

Erklärung: _____

_____

_____

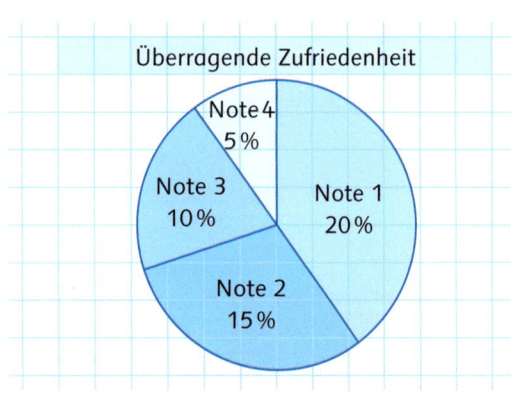

Erklärung: _____

_____

_____

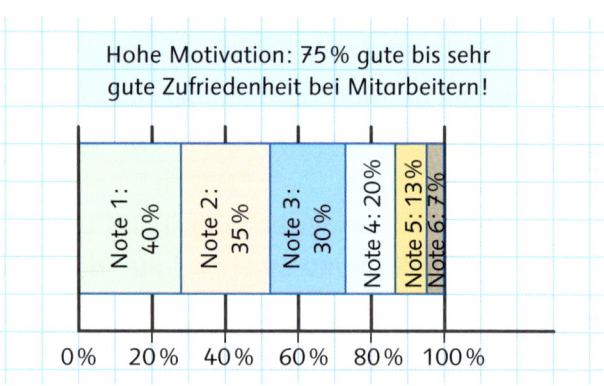

Erklärung: _____

_____

_____

2 Auf die Frage nach der Bereitschaft, in der Ausbildung auch Überstunden zu leisten,
haben 58 Jugendliche wie folgt geantwortet:

| Ja, zu Überstunden: 27 | Nein, zu Überstunden: 31 |

Erstelle ein abgeschwächtes und ein überdeutliches Balkendiagramm mit Überschrift.

3 Bei einer Umfrage wurden Jugendliche gefragt, was ihnen bei der Wahl ihres Ausbildungs-platzes besonders wichtig war. Hier sind folgende Ergebnisse:

guter Ruf des Ausbildungsbetriebs: 23 Stimmen   gute Erreichbarkeit: 22 Stimmen
eine hohe Ausbildungsvergütung: 29 Stimmen   nette Kollegen: 26 Stimmen

Beschrifte die Achsen und erstelle je ein zu den Überschriften passendes Balkendiagramm.

Ausgeglichenes Stimmbild!   Azubis nur an Geld interessiert!

10   22

4 Woran kann man erkennen, dass beide Diagramme manipuliert wurden?

a)

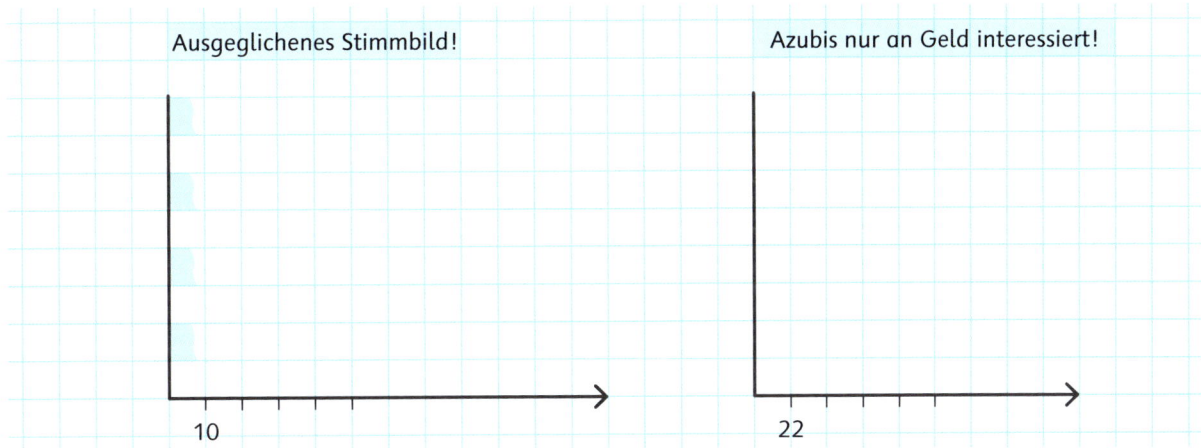

b)

0% 10% 20% 30% 40% 50% 60% 70% 80% 90% 100%

_____

_____

_____

_____

_____

5 In einer Haarshampoo-Werbung geben 90 % der Testerinnen an, dass sie nach vierwöchigem Gebrauch ihr Haar für glänzender und besser gepflegt halten.

a) Warum ist diese Aussage möglicherweise problematisch?

Antwort: _____

b) Die Werbung gibt nicht an, dass bei 8 % der Testerinnen allergische Reaktionen auftraten. 50 000 Personen haben dieses Shampoo gekauft.
Wie viele von ihnen könnten unter allergischen Reaktionen leiden? Berechne.

Antwort: _____

6 Ein Finanzmakler wirbt in der Zeitung damit, dass 95 % der Kunden mit seiner Beratung zufrieden sind.

a) Warum ist diese Aussage möglicherweise problematisch?

Antwort: _____

b) Die restlichen 5 % seiner Kunden hat der Finanzmakler falsch beraten, so dass sie jeweils finanzielle Verluste im Bereich von mehreren Tausend Euro haben hinnehmen müssen. In der Kartei des Finanzmaklers befinden sich 360 Kunden.

Wie viele von ihnen haben große finanzielle Verluste hinnehmen müssen?

Antwort: _____

7 Berechne die versteckten Preiserhöhungen in Prozent.

a) Der Inhalt einer Tüte Bonbons wird von 40 auf 35 Bonbons gesenkt. Sie werden jedoch weiterhin zum gleichen Preis verkauft.

b) Der Inhalt eine Spülmittelflasche wird von 600 ml auf 580 ml gesenkt. Sie wird jedoch weiterhin zum gleichen Preis verkauft.

c) Ein Glas Marmelade mit 360 g Inhalt wird zum Preis von 1,89 € angeboten. Die neue Form des Glases ist bauchiger und wird zum selben Preis angeboten. Tatsächlich enthält sie aber nur 350 g Marmelade.

d) Waschmittel wird im kleinen Gebinde zu 2,89 € für 17 Waschladungen angeboten. In der Großpackung für 75 Waschladungen wird es zu 13,50 € angeboten.

8 Berechne die versteckten Preiserhöhungen in Prozent.

a) Das Gewicht einer Tafel Schokolade wird von 100 g auf 80 g gesenkt. Die Schokolade wird aber weiterhin zum gleichen Preis verkauft.

b) Eine Flasche Limonade wurde mit 0,33 l Inhalt am Kiosk für 0,89 € verkauft. Das neue Design der Flasche hat ein Volumen von 0,3 l. Sie wird zum gleichen Preis verkauft.

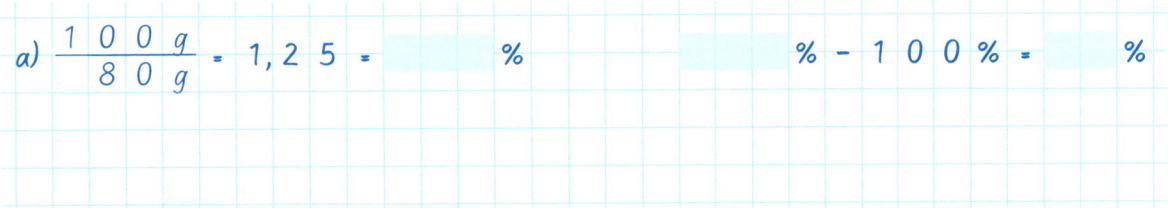

a) $\dfrac{100\,g}{80\,g} = 1,25 = \underline{\hspace{2cm}}\% \qquad \underline{\hspace{2cm}}\% - 100\% = \underline{\hspace{2cm}}\%$

9 Eine Tüte Gummitiere mit 200 g Inhalt wird zu 1,49 € verkauft.
Die „Partydose" mit 1 kg Inhalt ist für 7,49 € erhältlich.

a) Bei der „Partydose" handelt es sich um eine Mogelpackung. Belege mit einer Rechnung.

b) Worin besteht die Täuschung des Kunden, wenn es sich bei der „Partydose" um eine Mogelpackung handelt? Erkläre.

10 Ein Käsehersteller bot bisher 6 Scheiben Gouda zum Preis von 1,79 € an. Seit Beginn des Quartals liefert er den Käse in einem neuen Verpackungsdesign zum Preis von 1,69 € aus. Die neue Verpackung enthält nun 5 Scheiben Gouda.

a) Bestimme den Preis pro Scheibe Gouda in jeder Verpackung.

b) Berechne die versteckte Preiserhöhung in Prozent.

Arbeitsmarktdaten

1 In einer Umfrage in den Abschlussklassen wurden die Jugendlichen aufgefordert einzuschätzen, wie hoch ihre zukünftige Ausbildungsvergütung sein wird.

a) Ermittle aus der absoluten Häufigkeit jeweils die relative Häufigkeit in Prozent.

b) Fertige ein Streifendiagramm an.

Ausbildungs-vergütung brutto	absolute Häufigkeit	relative Häufigkeit
unter 250 €	5	
250 bis 500 €	12	
500 bis 750 €	13	
750 bis 1 000 €	10	
1 000 bis 1 250 €	6	
über 1 250 €	4	
gesamt:	50	

2 Im Balkendiagramm ist die Höhe der Ausbildungs-vergütung in verschiedenen Ausbildungsbereichen dargestellt.

Ermittle das Maximum, das Minimum und den Zentralwert. Berechne die Spannweite und den Durchschnitt.

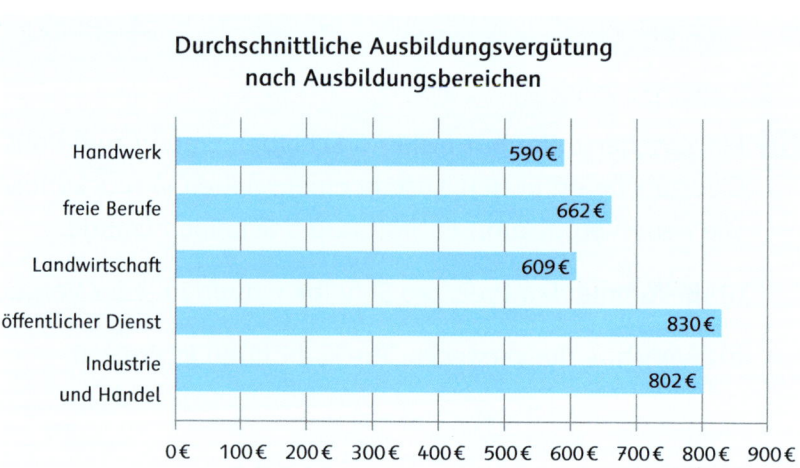

Durchschnittliche Ausbildungsvergütung nach Ausbildungsbereichen

Handwerk: 590 €
freie Berufe: 662 €
Landwirtschaft: 609 €
öffentlicher Dienst: 830 €
Industrie und Handel: 802 €

Maximum: _____ Minimum: _____ Spannweite: _____

Zentralwert: _____, _____, _____, _____, _____

Durchschnitt: _____

3 a) Ermittle das Maximum, das Minimum und den Zentralwert.

Berechne die Spannweite und den Durchschnitt.

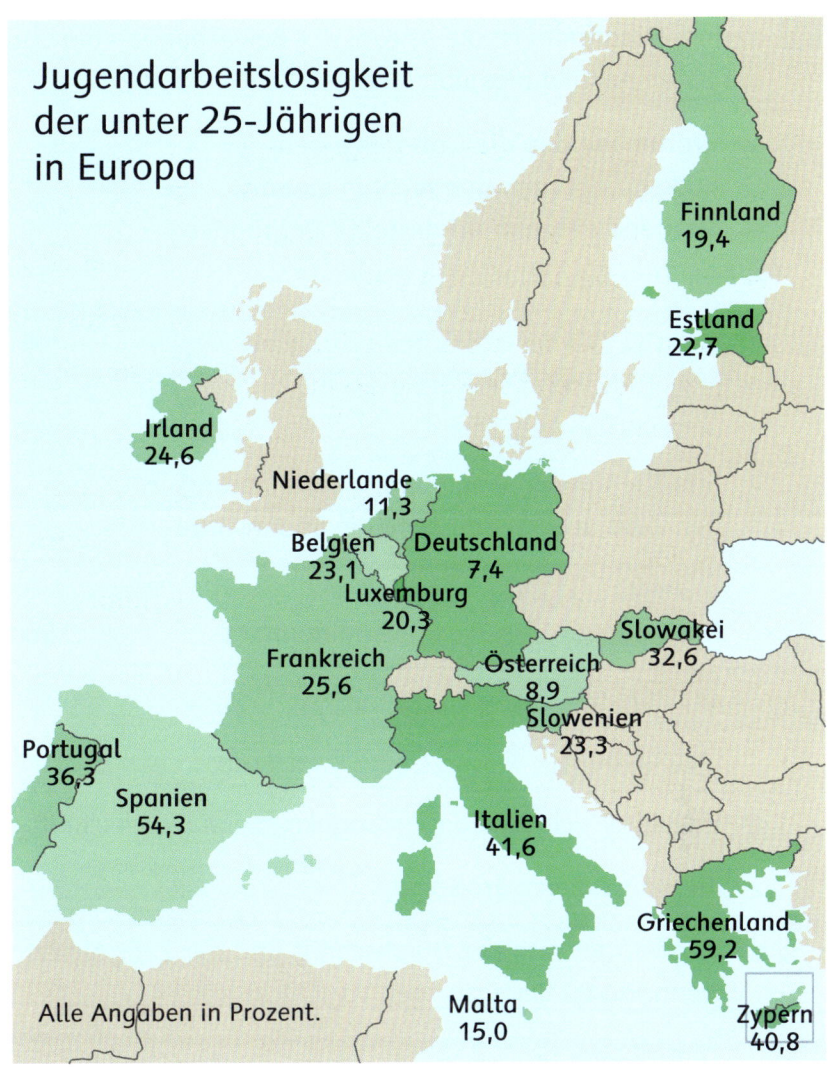

Jugendarbeitslosigkeit der unter 25-Jährigen in Europa

Finnland 19,4

Estland 22,7

Irland 24,6

Niederlande 11,3

Belgien 23,1

Deutschland 7,4

Luxemburg 20,3

Frankreich 25,6

Österreich 8,9

Slowakei 32,6

Slowenien 23,3

Portugal 36,3

Spanien 54,3

Italien 41,6

Griechenland 59,2

Alle Angaben in Prozent.

Malta 15,0

Zypern 40,8

Maximum: _____   Minimum: _____

Spannweite: _____

Zentralwert: _____

_____

Durchschnitt: _____

_____

_____

b) Zeichne einen Zahlenstrahl von 0 bis 60 %. Trage das Minimum, das Maximum, den Durchschnitt und den Zentralwert ein. Was fällt dir auf?

4 In dem Diagramm ist die Anzahl der Bewerbungen der Jugendlichen der Klasse 10 b um einen Ausbildungsplatz dargestellt.

a) Warum werden die Daten in einem Balkendiagramm und nicht in einem Streifendiagramm dargestellt? Begründe.

_____

_____

_____

Anzahl der Bewerbungen

b) Ermittle das Maximum, das Minimum und den Zentralwert. Berechne die Spannweite und den Durchschnitt.

Maximum: _____ Minimum: _____ Spannweite: _____

Zentralwert: _____

Durchschnitt: _____

c) Was lässt sich über die Aussagekraft von Durchschnitt und Zentralwert sagen, wenn

diese fast gleich groß sind? _____

d) Wie würden sich der Durchschnitt und der Zentralwert verändern, wenn Ina 80 Bewerbungen verschickt hätte?

Zentralwert: _____ Durchschnitt: _____

Was fällt dir auf? Beschreibe. _____

_____

5 Die Klassen 10 a und 10 b haben ermittelt, wie viel jeder Jugendliche in der jeweiligen Klasse für Bewerbungen, Bewerbungsmappen und Fotos ausgegeben hat.

Klasse 10 a	12 €	15 €	30 €	32 €	35 €	36 €	64 €	65 €	80 €
Klasse 10 b	5 €	8 €	15 €	32 €	35 €	45 €	60 €	84 €	85 €

Berechne jeweils die Spannweite, den Durchschnitt und den Zentralwert. Was fällt dir auf?

Antwort: _____

_____

6 Die Auszubildenden einer Kreisstadt verteilen sich wie in der Tabelle angegeben auf die verschiedenen Ausbildungsbereiche.

a) Stelle die Anteile in einem Streifendiagramm dar.

b) In der Kreisstadt leben 720 Azubis. Berechne, wie viele Azubis in jedem Ausbildungsbereich lernen. Trage die Anzahl in die Tabelle ein.

Tipp: du musst runden, da bei den Prozentzahlen gerundete Werte verwendet wurden.

Auszubildende in den Ausbildungsbereichen		
Ausbildungsbereich	Anteil	Anzahl Azubis
Handwerk	25%	
freie Berufe	12%	
Landwirtschaft	18%	
Industrie und Handel	30%	
öffentlicher Dienst	4%	
sonstige	11%	

7 Eine Tageszeitung schreibt folgende Schlagzeile:

> Immer mehr Jugendliche wechseln vorzeitig ihren Ausbildungsbetrieb!

a) Wie beurteilst du die Aussage der Tageszeitung?

Antwort: _____

_____

_____

Wechsel des Ausbildungsbetriebs während der Ausbildung			
Jahr	Jahr 1	Jahr 2	Jahr 3
Anzahl der Wechsler	395	412	432
Gesamtanzahl Azubis	658	688	720
Anteil in %			

b) Bestimme jeweils, wie viel Prozent der Auszubildenden in den drei Jahren den Ausbildungsbetrieb gewechselt haben. Korrigiere die Schlagzeile, wenn nötig.

Antwort: _____

_____

c) Stelle die Ergebnisse in einem geeigneten Diagrammtyp dar.

Das kann ich schon

1 Dreizehn Jugendliche wurden gefragt, wie viele Stunden Sport sie pro Woche machen.

Anzahl der Stunden	0	0	1	1,5	2	2	4	4,5	4,5	4,5	6	6	10

a) Werte die Tabelle aus:

Maximum: _____

Minimum: _____

Spannweite: _____

Durchschnitt: _____

Zentralwert: _____

b) Welchen Wert hältst du für aussagekräftiger, den Durchschnitt oder den Zentralwert?

Begründung: _____

☺☻☹ _____

2 Es wurden 80 Jugendliche gefragt, wie wichtig (+), nicht störend (~) oder unwichtig (−) eine eigene Schulbibliothek ist.
Berechne die relativen Häufigkeiten mit dem Taschenrechner.

Bibliothek	+	~	−
Gesamtzahl Bibliothek	44	34	2
relative Häufigkeit			

☺☻☹

3 Wo fragst du, wie beliebt die Pizzeria um die Ecke bei Jugendlichen ist? Kreuze an.

☐ Pommes–Bude ☐ Schulhof ☐ Pizzeria ☐ zuhause

☺☻☹ Begründung: _____

4 Laut einer Umfrage, sind folgende Eiscafés die beliebtesten der Stadt:

San Marco: 41 %   Eiswerkstatt: 44 %

Erstelle aus der Sicht eines der beiden Eiscafés ein überdeutliches oder ein abgeschwächtes Diagramm und finde eine
☺☻☹ passende Überschrift.

© 2018 Cornelsen Verlag GmbH, Berlin.
Alle Rechte vorbehalten.

Potenzen und Wurzeln

Wurzeln

Quadratzahl

A = 25

Hochzahl oder Exponent

5^2 = $\boxed{25}$ Quadratzahl

Grundzahl oder Basis

$5 \cdot 5 = 5^2$ fünf hoch zwei

Quadratwurzel

A = 16

Um die Seitenlänge des Quadrats zu berechnen, ziehst du die Quadratwurzel.

Probe:
$4^2 = 16$

Wurzelziehen: $\sqrt{16} = 4$

$\sqrt{16} = 4$

Das ist die Seitenlänge des Quadrats.

Die Quadratwurzel aus 16 ist 4.

Kubikzahl

V = 27

Exponent

3^3 = $\boxed{27}$ Kubikzahl

Basis

$3 \cdot 3 \cdot 3 = 3^3$ drei hoch drei

Kubikwurzel

V = 64

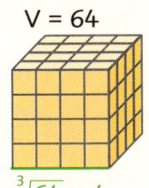

Um die Kantenlänge des Würfels zu berechnen, ziehst du die Kubikwurzel.

Probe:
$4^3 = 64$

$\sqrt[3]{64} = 4$

$\sqrt[3]{64} = 4$

Das ist die Kantenlänge des Würfels.

Die Kubikwurzel aus 64 ist 4.

Potenzen

Die Potenz ist eine Kurzschreibweise für mehrmalige Multiplikationen mit dem gleichen Faktor.

$$4 \cdot 4 \cdot 4 \cdot 4 \cdot 4 = 4^5$$

5 Faktoren   vier hoch fünf

Hochzahl oder Exponent

   Potenz

Grundzahl oder Basis

Zehnerpotenzen schrittweise vergrößern oder verkleinern

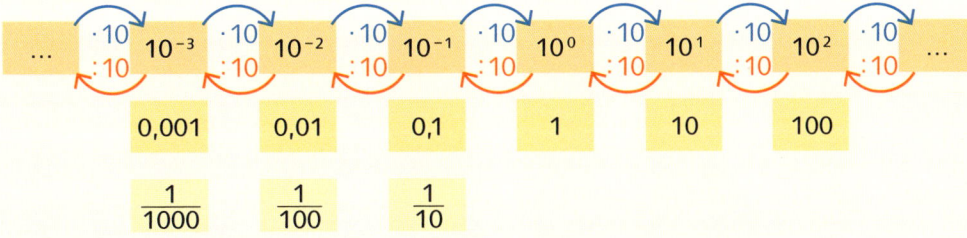

| | 10^{-3} | 10^{-2} | 10^{-1} | 10^{0} | 10^{1} | 10^{2} | |

| 0,001 | 0,01 | 0,1 | 1 | 10 | 100 |

| $\frac{1}{1000}$ | $\frac{1}{100}$ | $\frac{1}{10}$ |

Eine Potenz mit der Grundzahl 10 heißt Zehnerpotenz.

Potenzgesetze

gleiche Basis
$a^m \cdot a^n = a^{m \cdot n}$
$a^m : a^n = a^{m : n}$
a darf nicht 0 sein.

gleicher Exponent:
$a^n \cdot b^n = (a \cdot b)^n$
$a^n : b^n = (a : b)^n$
b darf nicht 0 sein.

Terme und Geichungen

Variablen und Terme

Wenn in einem Term die gleiche Variable mehrmals vorkommt, lässt sich der Term vereinfachen.

1. Ich markiere die gleichen Variablen farbig.
2. Ich ordne.
3. Ich fasse zusammen.

Beispiel:

$a + b + a + b + 4$

$a + b + a + b + 4$

$= a + a + b + b + 4$

$= 2a + 2b + 4$

Bei Vielfachen von Variablen wie $2 \cdot a$ kann ich den Malpunkt weglassen. Ich schreibe $2a$.

Für den Term $a + a + a + a + 2$ kann man deshalb auch folgende Terme schreiben:

$4 \cdot a + 2 \qquad 4a + 2 \qquad 2 + 4a$

Gleichungen

Wenn zwei Terme mit einem Gleichheitszeichen verbunden werden, erhält man eine Gleichung.

Wenn beide Terme denselben Wert haben, ist die Aussage der Gleichung wahr.

$2a + 2b$ ist ein Term.

Aber:
$u_{\square} = 2a + 2b$ ist eine Gleichung.

Gleichungen lösen durch Probieren

Eine Gleichung lässt sich durch systematisches Probieren lösen.
Für die Variablen werden verschiedene Zahlen eingesetzt. Eine Tabelle kann dabei helfen.

Gleichungen lösen durch Umformen

Um eine Gleichung mit einer Variablen zu lösen, muss man sie so umformen, dass die Variable allein auf einer Seite des Gleichheitszeichens steht.

Wichtig ist, dass auf beiden Seiten der Gleichung immer die gleichen Rechenschritte durchgeführt werden.

Die Rechenschritte schreibe ich hinter den Aufforderungsstrich.

$5x - 2 = 8$

$5x - 2 = 8 \qquad | +2$

$5x = 10 \qquad | :5$

$x = 2$

Probe: $5 \cdot 2 - 2 = 8$

$10 - 2 = 8 \checkmark$

1. Ich stelle die Gleichung auf und überlege, was zu tun ist, damit die Variable allein steht.

2. Wenn es möglich ist, forme ich um, indem ich addiere oder subtrahiere.

3. Auf beiden Seiten dividiere ich durch dieselbe Zahl.

4. Ich habe die Lösung und kontrolliere mit der Probe.

Daten

Daten aus Tabellen in Diagrammen darstellen

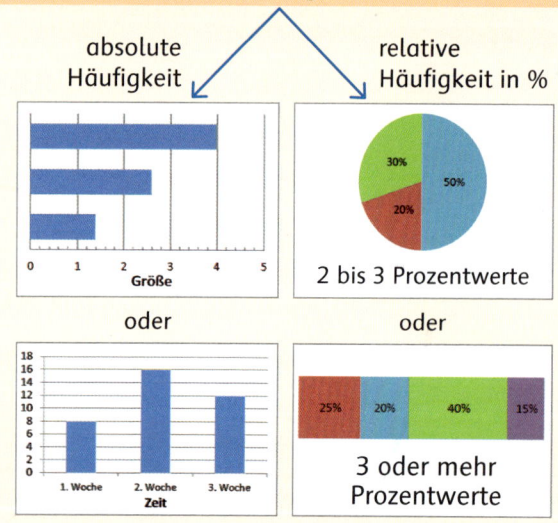

absolute Häufigkeit

relative Häufigkeit in %

2 bis 3 Prozentwerte

oder

oder

3 oder mehr Prozentwerte

Manipulationen mit Daten und Diagrammen

Diagramme und Schaubilder werden häufig genutzt, um die Meinung eines Betrachters zu einem Thema in eine gewünschte Richtung zu lenken. Dabei wird oft eine geringe Veränderung **überdeutlich** oder eine deutliche Veränderung **abgeschwächt** dargestellt.

Hierfür werden häufig zwei Tricks miteinander kombiniert:

1. Es wird eine feine oder gröbere Achseneinteilung gewählt.

2. Es werden abgeschnittene oder ganze Achsenstücke dargestellt.